/全圖解/
麵包製作的技術‧發酵的科學

辻製菓專門學校
吉野精一

前言

　　自從出版了『用科學方式瞭解麵包的「為什麼?」』一書之後，一眨眼就過了十幾年。日本的麵包市場，在此期間有著大幅的成長，以大型企業為首以至各地烘焙麵包店之活躍，共同創造出年營業額高達約1兆4000億日圓的商機，烘焙取向的麵粉消費量也約達120萬噸。現今的日本已經是世界屈指可數，麵包主要消費國家了，麵包種類的繁多，也幾乎是世界各國無與倫比的。應該沒有其他國家可以像日本一樣，能夠如此輕易地購買到各國引以為傲的麵包吧。隨著這樣的進展，日本的麵包製作科學與工業技術顯著的進步，也已是其他世界各國所無法望其項背的了。

　　此外，在烘焙麵包店中，以前全都以首都圈中心為市場，但最近在日本各地，主要的鄉鎮市區等，都可以找到當地首選的優良店家。麵包製作技術人員(麵包師)的麵包製作理論及技術的提升，也因為經營者兼任麵包師，或是麵包師的感性所致，使得陳列在店內的麵包，與20年前有顯著的變化。特別是主要年齡層在30多歲，年輕麵包師愈發活躍，更是值得一提。

　　再更深入的討論，麵包材料的進化也是不容忽視的部分。新開發出的商品、新輸入的商品、還有舊有經過改良之商品等等，不勝枚舉。像是由法國等歐洲產的進口麵粉、以北海道和九州為主要產地，改良作為麵包專用的日本國產小麥，藉由微細粉類製作開發，使得稻米和杜蘭小麥、玉米等，也能成為穀物粉類等等。另外在酵母方面，以即溶乾燥酵母為基礎地進化，現在也研發出冷藏、冷凍專用酵母或半乾燥酵母了。水，歐洲各地的礦泉水、鹽，從日本國內生產，以至於世界主要的岩鹽等都已能購得。包括其他的副材料，在日本國內能夠使用的麵包原料品質之高、種類之多，絕對是歐美各國所無法比擬的。

　　如前所述，科學、技術、原料，三位一體的進化及多樣化，促使日本持續不斷地誕生日本特有的嶄新麵包。以此而言，21世紀是日本麵包市場以及支持著麵包業界的成長期，同時也可以說是成熟期。在科學、技術的日新月異中，麵包製作的基礎理論也在持續進化。這當中有過去普遍而行的部分，也有可變化之部分，因此現在正確地理解「何謂麵包製作?」變得更為重要。

　　此次，得到再次執筆的機會，能夠出版『全圖解/麵包製作的技術・發酵的科學』一書。希望本書能對各位讀者有所助益，同時也希望以辻製菓專門學校的同學們為首，即將在21世紀擔任要角，各位有志於麵包的同業們，能多加利用理論及實踐基礎篇，將是我最大的榮幸。

　　最後，本書製作時，協助拍攝出美麗照片的攝影師Elephant Taka先生、為了更突顯出重點而協助插畫的梶原綾華小姐、以及企畫到編輯、排版等熱心給予協助的柴田書店書籍編集部的美濃越かおる小姐，在此深切地致上感謝之意。此外，也非常感謝辻製菓專門學校的梶原慶春教授，以及本校擔任麵包製作的同仁、還有負責製作過程起稿以至龐大原稿、照片編輯、校正，辻靜雄料理教育研究所的近藤乃里子小姐。

2011年3月吉日

吉野 精一

11 自製酵母種的麵包

閱讀本書之前

· 在本書中使用的機器如下所列。

　　螺旋式攪拌機：1段90、2段180轉／分鐘
　　直立式攪拌機：1段77、2段133、3段
　　187、4段256轉／分鐘

　　烤箱：具上、下火之垂直型烤箱、附蒸氣
　　機能

　　發酵室：冷凍發酵櫃（Dough Conditioner）

· 麵包麵團用食鹽，使用的是含98%氯化鈉
　的食鹽。

· 砂糖沒有特別標記時，使用的是粒子細小的
　細砂糖。

· 奶油使用的是不含鹽的種類。

· 製作麵包時，幾乎每次都必須進行材料的預
　備作業和基本作業等。關於這些基本作業，
　也有部分是沒有載入於食譜之中的，實際上
　以基本製作為前提，在「2 製作麵包的基本
　技術」中有詳細的解說。此外，壓平排氣、
　滾圓等作業，也是在「麵包製作的基本術」
　中，有著比食譜中更詳盡的解說。

· 在本書中所使用的材料及機器等，請參照
　236頁的「本書使用之主要材料」與240頁
　的「麵包製作的必要機器」。

編註：日本吐司以"斤"為單位，不是台斤或公
斤而是指英斤，僅使用在麵包的計量，1斤通
常是350~400g左右。日本規定，市售1斤的
麵包不得低於340g。用在吐司模型上，各廠
牌可能有微幅差異，請確認份量後製作。

麵包製作用語解說

基本材料·副材料
所謂製作麵包的基本材料，指的是「粉類」、「酵母」、「水」、「鹽」。所謂的副材料指的是增添甜味、香氣，或是要增加麵包體積時，使用的「糖類」、「油脂」、「乳製品」、「雞蛋」等。

柔軟內側
麵包內側的柔軟部分。

表層外皮
麵包外側的「表皮」部分。

氣泡孔洞
指的是麵包剖面可以看見的氣泡（嚴格來說是氣泡的痕跡）。氣泡孔細緻均勻且能充分延展的狀態，即稱之為「氣泡良好」。

LEAN 類（低糖油配方）
指的是樸質、不含脂肪的類型。用於形容幾乎僅使用基本材料的配方，風味樸素的麵包。

RICH 類（高糖油配方）
指的是豐富、濃郁的類型。用於使用在配方中的基本材料裡，添加了較多副材料的麵包。

HARD
主要是指 LEAN 類（低糖油配方），用於形容藉由粉類烘烤出的香氣，及發酵烘托出風味的麵包。除了用於表層外皮堅硬、柔軟內側具嚼感的麵包之外，也會用於單指表層外皮堅硬的麵包。

SOFT
主要是指 RICH 類（高糖油成份）配方，用於表現因副材料效果而變得柔軟膨鬆的麵包。也用於表層外皮及柔軟內側皆為柔軟的麵包。

配方用水
麵團中配方用量的水分。

調整用水
用於調整麵團硬度，由配方用水中分取出的水分。

伸展性·延展性
表達麵團性質之用語，隨著加諸的力道而延展或推展的性質。反向用語是彈力。

結合成麵團
使麵筋的薄膜網狀形成立體構造，同時也使麵包麵團具有彈力和延展性。

抗張性
表達麵團性質之用語，即是麵團本身產生的張力。

烘焙比例

以材料配方為百分比的配方標示法。但與一般的百分比不同，是以使用粉類總量為100%，相對於粉類總量，各種材料用量比例的標示。在發酵種法，發酵種與麵包麵團之中，所用粉類的合計為100%是基本，但也有例外。

pH（酸鹼值）

標示相當於1公升液體中氫離子濃度之數值。通常是以pH0～pH14的數字來表示，pH7是為中性，數值較其低者為酸性，較其高者為鹼性。以7為分界，數字越接近0，則氫離子的濃度越高，故為強酸性，越接近14時，氫氧離子濃度越高即為強鹼性。

水的硬度

水中所含的微量鈣鹽和鎂鹽的濃度合計，以mg／ℓ或ppm來標示。含有越多礦物質成份的水即為硬水，僅含微量者定義為軟水。日本的水大多是軟水，在歐洲各國多半是硬水。水的硬度對於人體、食物以及食品等都有相當大的影響。一般而言，以硬度0mg／ℓ為純水，則0～60mg／ℓ則為軟水，60～120mg／ℓ是稍硬水，120～180mg／ℓ是硬水，超過180mg／ℓ被稱為超硬水。製作麵包時適當的硬度，通常指的是100mg／ℓ。

計算水溫之算式

一般運用於麵團揉和完成溫度之計算公式如下。

麵團揉和完成溫度＝（粉類溫度＋水溫＋室溫）÷3＋因摩擦致使麵團升高之溫度（通常為6～7℃）

這個方程式若修改為計算水溫之算式時，則如下。

水溫＝3×（揉和完成溫度－摩擦致使麵團升高之溫度）－（粉類溫度＋室溫）

用這個算式求得的水溫，僅為參考標準，實際上也會因攪拌機的種類、粉的種類、製作麵團的用量…等而導致揉和完成溫度隨之不同。留下實際進行攪拌時的資料，藉由不斷的經驗累積確認，更能調整出正確的溫度。

模型的麵團比容積

放入模型中烘烤成麵包的用語，表示在模型中放入多少用量的麵團烘烤，才能烘烤出恰到好處麵包體積的數值。使用的模型容積除以放入模型內麵團重量，即可求得。

模型的麵團比容積(ml/g) ＝ 模型容積(ml)÷ 麵團重量(g)

要正確地量測出模型的容積，最簡單的方法是利用模型內裝滿水，再以量筒（Cylinder）或量秤量測（用量秤時是以1g＝1ml來換算）。若模型會漏出水分時，可以用膠帶等由外側貼妥後再進行測量。

麵包之比容積

一定重量的麵團在成為最終成品時，表示其膨脹程度之指數。可以用烘烤完成後的麵包體積除以原麵團重量來求得。

麵包之比容積(ml/g) ＝ 麵包體積(ml)÷ 麵團重量(g)

這個算式，即是表示出1g的麵包麵團能夠成為多少ml麵包的意思。比容積數值越大，麵包的膨脹率越高，也表示是款口感輕盈的麵包。只是要正確測量製品的體積有相當的難度，在本書當中並沒有標記出來。此外，也很容易與模型的麵團比容積（上述）產生混淆，必須多加注意。

1

麵包製作的基礎理論

麵包的材料及其作用

幾千年前，用小麥粉或大麥粉與水混拌揉和後，烘烤出像煎餅般的麵包，再來因為添加了啤酒渣，發明了發酵麵包，之後更加入了蜂蜜、羊奶、碎岩鹽等…，追溯麵包進化的歷史變遷，是絕對無法掠過原料或材料的發達及進展的因素。

現今，麵包製作上不可或缺的材料是麵粉、酵母、水和鹽等四大項，這些是以發酵食品製作麵包時絕對必要的材料。其次添加於麵包之中能更添美味的材料，則有砂糖、油脂、乳製品以及雞蛋等四項，這些副材料會帶給麵團不同的變化。亦即藉著副材料可以讓硬質的LEAN類（低糖油配方）麵包變成柔軟的RICH類（高糖油）麵包，同時大幅增加麵包的種類。

也因此，麵包成了以三大營養素為主，同時含有維生素、礦物質、纖維質等的綜合性加工食品。

在本章節中，從四種基本材料開始，至四種副材料，依序將其種類以及它們在麵團或麵包中的特性和機能性加以解說。

1. 麵粉（小麥粉）

在日本用於麵包的小麥，幾乎都是由美國或加拿大進口的。再由日本的製粉公司製成粉類，以麵包專用麵粉販售。

· 高筋麵粉

一般而言，小麥蛋白含量11.5～14.5%，灰分量在0.35～0.45%的稱為高筋麵粉，使用於以吐司麵包為主的所有麵包製作。高筋麵粉是混合了蛋白質含量較多的硬質小麥製成的粉類，所以可以形成具有黏性的麵筋組織、也具有較高的吸水率，因此適合強力且長時間的攪拌，可以說是最適合追求體積膨脹的麵包用粉。

· 法國麵包粉

小麥蛋白含量11.0～12.5%，灰分量在0.4～0.55%的稱為法國麵包用粉（法國麵包專用粉類），以製作法國麵包為首，也適用於硬質或半硬質麵包。這種粉類是以法國的麵粉TYPE55（灰分量0.50～0.60%）為範本，為了在日本也能烘烤出美味法國麵包，而調和了硬質小麥及準硬質小麥製成的粉類。是高筋麵粉的一種，不僅是一款製作性高，同時也兼具風味口感的麵粉。

· 低筋麵粉

小麥蛋白含量6.5～8.5%，灰分量在0.3～0.4%的稱為低筋麵粉，主要用於糕點製作。在麵包製作上，運用在軟質糕點麵包（菓子麵包）或甜甜圈等，追求入口即化或易於咀嚼的口感時，也會將低筋麵粉搭配在使用的粉類當中。

· 全麥麵粉（全麥粉）

基本上，是將整顆小麥粗碾而成的粉類，因混著外殼（麩皮）、胚乳、胚芽部分，因此相較於一般麵粉，其灰分（礦物質）含量更高。以全麥麵包或全麥法國麵包為首，硬質或半硬質類麵包在追求特殊口感或風味時，也會將全麥麵粉搭配在使用的粉類當中。

麵粉的作用

① 小麥特有的蛋白質（麥穀蛋白和醇溶蛋白）與水結合，加上揉和的力量，就能形成麵筋組織。麵筋組織的薄膜會因熱凝固而固化，就像是建築物的樑柱一般，形成麵包的骨骼部分。

② 小麥澱粉吸收水分膨潤、糊化後，因熱凝固而固化，以建築來比喻，就像是麵筋組織所形成之樑柱間的牆面。

---

2. 裸麥粉

北歐或俄羅斯廣為栽植的裸麥，是具有獨特風味的穀物之一。裸麥中所含的蛋白質無法形成麵筋組織，因此裸麥麵包是使用酸種的特殊製作方法烘焙而成。用於其他的硬質或半硬質類麵包時，會將裸麥粉搭配在使用的粉類當中。

3. 酵母

酵母，與麵團發酵、膨脹有直接關係的重要材料。因酵母的酒精發酵生成二氧化碳，就是麵團膨脹的原由，而與之同時產生的乙醇及有機酸，則是麵包風味的來源。最近，也開發出了可以冷凍保存的半乾燥酵母等新產品。依不同的麵包種類及製作方法，添加的酵母種類及用量也會因而不同，因此在選擇上必須多加留意。

· 新鮮酵母

是最為廣泛運用的酵母，具滲透壓耐性，即使麵團的蔗糖濃度較高，細胞也不會被破壞，因此比較適合運用在糕點麵包（菓子麵包）等RICH類（高糖油）麵團上。新鮮酵母是將酵母的培養液脫水後製成的，以冷藏狀態流通在市面上。食用期限，在冷藏狀態下約是製造日起一個月左右，開封後應儘早使用完畢。新鮮酵母1g約存在著100億個以上的活酵母。

· 乾燥酵母

雖然是滲透壓耐性略差的酵母，但發酵時的香氣佳，因此被運用在法國麵包等硬質麵包的製作。乾燥酵母是以培養液低溫乾燥後加工成粒狀。以常溫密封罐裝等密閉狀態流通於市面上。食用期限未開封者約為二年，開封後需保存於冷暗場所並儘早使用完畢。

使用時，必須進行預備發酵。預備約是乾燥酵母5倍的溫水（約40℃左右）與約1/5量的砂糖，將砂糖溶於溫水中，再撒入乾燥酵母輕輕混拌，使其發酵10～15分鐘後，再次混拌後使用。

· 即溶乾燥酵母

是將培養液凍結乾燥，之後加工成粒狀。以常溫真空包裝狀態流通於市面上。食用期限未開封者約為二年，開封後需保存於冷暗場所並儘早使用完畢。

用量是新鮮酵母的1/2以下，仍具有相同的發酵能力，可以溶化於水中或混拌於粉類中使用。有分成無糖麵團使用、含糖麵團使用等種類，可以對應使用在所有的麵包上。

酵母的作用

① 酵母是分解麵團中的糖質進行酒精發酵，而此時生成的二氧化碳就能使麵包麵團膨脹。

② 酵母分解麵團中的糖質，進行酒精發酵時所生成的乙醇（芳香性酒精），就是麵包的主要香氣來源。

4. 水

水，因為成本因素，基本上會使用自來水。若是對於硬度及風味很講究時，請使用淨化水、礦泉水等。日本的自來水平均而言都是軟水，因此可以添加碳酸鈣等水質改良劑，提高水的硬度以強化麵團的彈力。

水的作用

① 被小麥蛋白吸收而形成麵筋組織。

② 藉由加熱而被澱粉吸收以促進澱粉糊化。

③ 溶解水溶性材料成為結合水，與麵筋組織或澱粉粒結合，提升麵包的保濕性。

5. 鹽

鹽，基本上使用的是氯化鈉含量在95%以上的精製鹽，因為精鹽純度安定。若講究鹹度與風味時，請使用海鹽或岩鹽。但這些鹽因為含有較多具風味的其他礦物質成份，相對地提供鹹味的氯化鈉含量反而不穩定。請充分確認鹽的成份，並視麵包配方來決定鹽的使用。

鹽的作用

① 為麵包帶來對人類的味覺而言非常重要的鹹味。

② 鹽，可減少麵團中麵筋組織的沾黏狀況，同時也會強化彈性。

③ 對以酵母為首的各種微生物具有抗菌作用，擔任著控制發酵的效果。

6. 砂糖

全世界提到砂糖，大部分指的都是細砂糖，在糕點製作、麵包製作業界，基本上也是如此。但日本還存在著稱為上白糖、添加了轉化糖的特有蔗糖。在日本料理或日式糕點中的上白糖，與用於西式糕點的細砂糖，使用上是有區隔的。用於麵包製作，雖然基本上是使用細砂糖，但糕點麵包（菓子麵包）等部分製品也會使用上白糖。

其他砂糖，還有黑糖、紅糖等，依麵包種類也會使用蜂蜜、楓糖、糖蜜等液態糖。

· 細砂糖

由高純度的糖液製作出的無色結晶體，呈鬆散狀態。具有蔗糖純度高，易溶於水的特性。

· 上白糖

相較於細砂糖，含有轉化糖的上白糖甜味較強，也較為濃郁，但因含有水分因此容易產生沾黏。糕點或麵包麵團中含有氨基酸時，因轉化糖的影響之下，加熱時會很容易引起梅納反應，比細砂糖更容易產生烘烤色澤。

7. 油脂

以奶油、乳瑪琳、酥油等為代表的固體油脂，因具可塑性而適用於麵包製作。依麵包的種類，也有適合使用橄欖油、沙拉油等液態油脂製作的配方。

· 奶油

以牛奶作為原料加工的食用油脂，是乳製品之一。以牛奶中的乳脂肪凝聚濃縮而成，法令規定乳脂肪在80%以上、水分在17%以下者可稱為奶油。奶油一旦加熱更添香氣，賦予麵包獨特的風味。

· 乳瑪琳

以植物性、動物性油脂為原料，添加香料等加工製成固體的食用油脂。是為了取代高價奶油而開發出的代替品。味道及風味雖不及奶油，但有油脂含量在80%以上的規格，且具可塑性因而適用於麵包的製作。

· 酥油

以植物性、動物性油脂為原料，精製後加工成固體且無色、無味、無臭之食用油脂。被開發作為豬脂之替代品，油脂含量為100%，完全不含水分，能賦予麵包酥脆口感。

8. 乳製品

乳製品，是提升麵包風味以及改善色澤時不可或缺的材料之一。麵包一般而言使用的是脫脂奶粉，但依麵包的種類，有時也會使用牛奶、鮮奶油、優格、起司等乳製品。

· 脫脂奶粉

脫脂奶粉是牛奶除去乳脂肪後，乾燥製作而成的粉末狀乳製品。牛奶中所含的乳蛋白和乳糖一旦被加熱，各別會促進梅納反應和焦糖化的產生，除了使得麵包的烘烤色澤更為鮮明之外，還會蘊釀出獨特的甜香氣味。脫脂奶粉當中因濃縮凝聚了乳蛋白、乳糖等，所以相較於牛奶，少量添加即可達到效果，具優異的簡便性。再者，因為已除去了脂肪成份，所以不需擔心油脂的氧化、劣化，可以長期保存且便宜。

9. 雞蛋

雞蛋是種對麵包有非常大影響的材料。蛋黃對於麵包的味道和風味、麵包體積及口感、表層外皮及柔軟內側的顏色都能有所改善，與油脂一樣都具有最大的效果。首先蛋黃濃郁柔和的味道可以賦予麵包風味；其次蛋黃中所含稱為卵磷脂的磷脂質是天然乳化劑，可以乳化麵團中的水分和油脂，使麵團更加平順光滑。以結果而言，麵團的延展性改善，同時麵包的體積也向上提升，所以口感輕盈，咀嚼感也更好。最後，蛋黃中被稱為胡蘿蔔素的黃色、橘色色素，特別能使柔軟內側部分略呈黃色，看起來更為美味。

10. 其他材料

· 麥芽糖精

雖然沒有含在麵包的基本材料或副材料當中，但麥芽糖精也是在製作麵包時不可或缺的材料之一。這是由發芽的大麥中熬煮萃取出的麥芽糖（雙糖類）的濃縮精華，也被稱為麥芽糖漿。

麥芽糖精的主要成份是麥芽糖，含有被稱為 β 澱粉酶的澱粉分解酵素等。一般被運用在法國麵包等不添加砂糖的LEAN類（低糖油配方）硬質麵包的麵團上，約是添加粉類總量的0.2～0.5%左右。

麥芽糖精的作用

① 沒有砂糖配方的麵團，在烘焙階段呈色較差，因而會添加麥芽糖精以改善麵包的烘焙色澤。

② 麥芽糖精所含的 β 澱粉酶，可以將澱粉分解成麥芽糖，使麵包製作過程的較早階段，就能增加麵團中的麥芽糖。

③ 麥芽糖可以被酵母中所含的麥芽糖酶（麥芽糖分解酵素）分解成葡萄糖（單糖類），並成為酵母的營養，有助於酒精發酵之完成。

· 品質改良劑

本書當中，雖然沒有使用品質改良劑，但因為經常被加以運用，故而在此介紹。

所謂品質改良劑，是為了製作良質安定的麵包而開發出來的食品添加劑（添加物）的總稱。1913年，由美國Fleischmann's公司開發的麵包麵團改良劑（dough improver）為起始。當時是用於改良揉和麵包時所使用的水質，為了改善麵團彈力與延展性的目的而製作研發。一般而言，稱為麵包麵團改良劑、酵母活化劑等，將擁有各式機能的化合物及混合物，恰如其分地調合配方製成。在日本，自1950年以後，從大型廠商起開始大幅地被運用在麵包店。主要的品質改良劑有以下的種類。

酵母的營養

酵母的營養補強劑（銨鹽等）…… 促進酵母活性化與發酵

水質的改善

水質改良劑（鈣鹽等）…… 藉由調整水的硬度以改良麵團的彈力與延展性

麵團的性質改良

氧化劑（維生素C：抗壞血酸等）…… 藉由促進麵團氧化以強化麵筋組織

還原劑（半胱氨酸等）…… 藉由麵團還原以促進麵筋組織的伸展與延展

架橋劑（胱氨酸等）…… 提高麵筋組織的密度以提升麵團的氣體保持力

麵包製作的工序

麵包製作的順序稱之為工序，但其中可分為實際作業、其餘作業及作業間的時間過程。麵包製作方法種類很多，但在正式麵團製作之後的步驟，並沒有太大的不同。

麵包製作工序，大致可區分為①麵團的製作、②麵團的發酵管理與作業、③麵團烘焙等三大部分。在這個大項目中，將針對麵團從攪拌至烘焙為止的作業順序進行解說。

1. 攪拌

攪拌，將以麵粉為首的麵團材料放入攪拌缽盆內，藉由攪拌機上的攪拌臂旋轉揉和材料，製作麵團的作業。攪拌依麵團的完成度可分成以下四個階段。

＜第1階段＞混合材料

將各材料均勻分散混合。砂糖、鹽溶解後與麵粉結合。

＜第2階段＞麵粉的水和

水分被麵粉吸收變成結合水，並同時吸附了其他材料。

＜第3階段＞麵筋組織的形成

隨著攪拌的進行，麵筋組織逐漸形成。

＜第4階段＞完成麵團

完成麵筋組織、麵團氧化、完成麵團製作。

2. 發酵

所謂發酵，指的是經由攪拌完成的麵團，適度地使其發酵、膨脹的時間。此時，麵團當中酵母在適溫下具活性化，分解糖質產生酒精發酵，進而生成二氧化碳。麵團中的網狀麵筋組織為保持住二氧化碳，當二氧化碳生成越多，麵筋組織就會更加延展伸長，麵團因而膨脹。在麵包製作的科學上，稱之為「麵團的發酵」。此外，發酵過程中，除了二氧化碳之外，也會生成乙醇和有機酸等化合物，這就成為麵包的風味。

在中種法當中，這個階段的發酵一般會稱之為「Floor Time」。Floor在英文的意思是地板。過去麵團的揉和桶或發酵桶都是放置在地板上，因此使麵團發酵的時間就稱為Floor Time。

3. 壓平（排氣）

所謂壓平排氣，是釋出因發酵而充滿在麵團內的二氧化碳，使得因發酵、膨脹而鬆弛的麵團再次緊實起來，實際上指的是將膨脹的麵團按壓、折疊，放回發酵箱的作業。因應麵團特性，也必須調整壓平排氣的力道。

進行壓平排氣的麵團，之後再次使其發酵。壓平排氣前後的發酵名稱，雖然有時也會各別稱之為一次發酵和二次發酵（或是前發酵和後發酵），但本書以發酵來統稱。

壓平排氣的目的

① 藉由釋放出麵團內的二氧化碳並帶入新的氧氣，活化酵母。

② 將因為麵團的膨脹而鬆弛的麵筋組織，藉由加諸之物理性力量使其緊實強化。

---

4. 分割‧滾圓

所謂分割，是將發酵的麵團分切成一定重量，滾圓則是將分割好的麵團滾動成球狀、或輕輕折疊整合，使其表面呈緊實狀態之作業。

通常，分割好的麵團會直接進行滾圓作業，但因應麵團或麵包種類，滾圓的強弱或形狀也會不同。滾圓是為改善整型時的麵團狀態而進行的作業，目的在使麵團表面的麵筋組織緊實，使其能向各個方向延展。

滾圓時，迅速地將其滾動成相同形狀非常重要，也是手工作業的基本。滾成圓形的理由是因為圓形是整型時廣泛度最高，也最容易變化成各種形狀的基本。但若是要整型成細長棒

狀,麵團力量較弱時,也可以輕輕地折疊後,再整型成長方形,如此一來只要使麵團能朝一定方向延展即可。

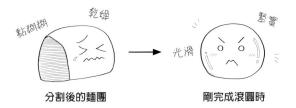

分割後的麵團   **剛完成滾圓時**

5. 中間發酵

所謂中間發酵,指的是和緩剛完成滾圓時麵團的緊縮,使麵團回復伸展和延展的時間。剛完成滾圓的麵團,因麵筋組織的彈力及復原力變強而不易整型,因此暫時靜置使麵團發酵,鬆弛麵筋組織,就能回復麵團的伸展性和延展性。完成中間發酵的麵團會略為變大,即是麵團的發酵、膨脹。

Bench是英語工作檯的意思。過去分割・滾圓後的麵團,會在工作檯邊靜置後整型,因此滾圓完成後到進入整型之間的時間就稱為Bench Time。

中間發酵後

6. 整型

所謂整型,是將中間發酵完成的麵團整合成各式各樣的形狀。基本的形狀有圓形、橢圓形、棒狀、板狀、裝填入內餡…等一般都很常見,但請先考量到烘烤完成時麵包的風味及口感,再決定要整型成何種形狀。整型後的麵團,排放在烤盤上或是裝填入麵包模型中;若是直接烘焙(直接放置在烤箱內烘烤)時,可以將整型後的麵團放在布巾或發酵藍內。

7. 最後發酵

指的是整型後的麵團,使其進行最後發酵時所需的時間。直至烘焙前,正確地判斷出麵團發酵狀態是非常重要的事。最後發酵不足的麵團在烘焙時,因為不會產生烤箱內的延展,而烘焙出體積沒有膨脹起來的麵包;過度發酵的麵團則會成為形狀紛亂的麵包。再者,當麵團的延展超出界限,成為過度發酵的麵團時,氣體的保持能力也會因而喪失,導致氣體流失呈現凹陷,這時麵包麵團就會呈現「down扁塌」的狀態。

8. 放入烤箱

放入烤箱,指的是將完成最後發酵的麵團放入烤箱的作業。為呈現光澤時可以在表面刷塗蛋液、劃切割紋等,都是放入烤箱前的必要作業,基本上都在這個階段進行。

9. 烘焙

所謂烘焙,指的是將麵團放入烤箱後,至烘烤完成取出為止。因整型、重量以及麵團種類不同,烘焙的條件(時間、溫度)也會隨之改變,但除了特殊狀況外,通常是在180～240℃、10分～50分的範圍內即可完成。

10. 出爐

所謂出爐,指的是將烘焙完成的麵包由烤箱取出的作業。烘焙完成的麵包,應儘速地由烤盤取出放至冷卻架上。長時間放置於烤盤上,會使得蒸氣聚積在麵包底部與烤盤間,造成表層外皮的潮濕而成為潮軟狀態。吐司麵包等模型烘焙的麵包,在出爐後應連同模型直接施以外力撞擊後,脫模移至冷卻架上以防止其側面凹陷(→P.151)。

11. 冷卻

烘焙完成的麵包,放置在冷卻架上使其散熱,以安定表層外皮及柔軟內側的狀態。這是因為要由麵包內部釋出多餘的水蒸氣或酒精等,有其必要的時間,小型麵包約是20分鐘左右,大型麵包則約需1小時。

攪拌的基本

　　混合材料、揉和成麵團的攪拌，在麵包製作過程中，是足以左右麵包成品的重要作業。但依不同麵包的種類、製作方法及配方，攪拌中的麵團狀態會有所差異，攪拌完成時的狀態也會因而改變。也就是必須因應製作的麵包，適切地進行麵團的揉和作業。

1. 添加調整用水的時間點

　　麵包麵團，即使是以相同材料相同的用量進行揉和，也不一定能夠揉和出相同的硬度。因此，預先取出部分的配方用水，在攪拌過程中，邊確認麵團狀態邊進行添加，以調整麵團的硬度。此時預先取出的部分配方用水，就稱為調整用水。

　　添加調整用水的時間，如以下所述，基本是在攪拌初期。

① 材料混合完成前
② 麵筋組織形成的初期階段
③ 麵團水分完全消失（水分被麵粉吸收）前

　　儘可能在初期階段添加，重要的是使水分能被小麥蛋白吸收並與麵筋組織結合。

2. 添加油脂的時間點

　　在過程中添加油脂時，較容易產生麵團乳化，容易滲透，以下狀態基本是在攪拌中期。

① 小麥蛋白吸收大部分的水分，麵團水分完全消失後
② 在大部分的麵筋組織形成後

3. 不同麵團的攪拌過程

　　取硬質LEAN類（低糖油配方）麵團、軟質RICH類（高糖油）麵團、介於中間的麵團等三種類型，以照片確認由攪拌開始至結束之過程，並就各階段的麵團狀態進行解說。請把握麵團狀態，並理解攪拌的基本考量方式。另外，本來應該是儘可能延展至薄膜地狀態來確認，但在此是有意破壞薄膜的狀態來進行。請參考其厚度及破損狀態。

＜設定條件＞

· 直立式攪拌機1分鐘的轉數：1速77、2速133、3速187、4速256
· 螺旋式攪拌機（Spiral Mixer）1分鐘的轉數：1速90、2速180
· 麵團用量：3kg

---

1) 硬質LEAN類（低糖油配方）麵團

使用麵團：傳統法國麵包（直接法）
使用攪拌機：螺旋式攪拌機

　　硬質系列的代表傳統法國麵包，可以說是最能代表LEAN類（低糖油配方）的麵包。基本上僅以麵粉、酵母、水、鹽製作，因此麵粉很容易直接吸收酵母溶液（酵母溶化於水之溶液）。因不含砂糖、油脂、乳製品等副材料，所以阻礙麵粉吸收、結合水分的因素很少，所以此麵團具有以下的特徵。

① 因小麥蛋白（麥穀蛋白、醇溶蛋白）吸收水分的速度很快，因此加快了麵筋組織的形成
② 副材料等其他材料混入較少，因此小麥澱粉的粒子包覆了較多的水分，烘焙時澱粉會迅速膨潤
③ 砂糖等副材料混入較少，所以麵團的蔗糖濃度較低，酵母活性較佳

　　攪拌完成時的判斷標準，在傳統法國麵包的直接法當中，麵團製作後的發酵時間較長，因此考量藉由發酵中的麵團氧化促進麵筋組織形成、藉由壓平排氣來強化麵筋組織，略微不足的完成麵團攪拌的情況最適合。

<第1階段>混合材料

利用1速攪拌1分鐘，使麵團成形。雖然麵粉、水、酵母、鹽等都被攪散開了，但麵團呈沾黏狀，稍一拉扯很容易就會將麵團撕開。在此階段，水的主要作用在於溶解分散於麵粉中的鹽結晶和即溶乾燥酵母的顆粒。麵粉中所含的蛋白質雖然吸收了水分，但麵筋組織尚未形成，麵團不具延展及伸展性。

<第2階段>麵粉的水和

利用1速攪拌2分鐘（合計3分鐘），將全部材料均勻打散，成為完全混合物。雖然大部分的水分被麵粉吸收了，但仍略浮於表面的狀態。麵筋組織開始形成，漸漸變得有延展及伸展性。

<第3階段>麵筋組織的形成

利用1速攪拌3分鐘（合計6分鐘），麵團約完成7～8成。水分完全消失，麵團也不再沾黏，表面呈平順光滑狀態。麵筋組織具有更強的彈力及伸展性，形成薄膜網狀組織。

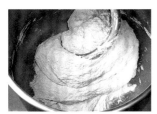

<第4階段>完成麵團

利用2速攪拌2分30秒（合計8分30秒），麵團即完成。可以感覺略帶黃色及光澤的麵團具柔軟性。用手拿取部分麵團延展時，麵筋組織會呈現出更薄的薄膜狀態。有部分不均勻仍易斷裂，但已可以從薄膜透視到指腹。這就顯示出麵筋組織的網膜狀態及其伸展性。

2) 軟質RICH類（高糖油）麵團

使用麵團：皮力歐許（直接法）

使用攪拌機：直立式攪拌機

皮力歐許是RICH類（高糖油）麵團最具代表性的麵包，是與傳統法國麵包完全相反的種類。在一般配方的麵粉、酵母、水、鹽等4種基本材料中，添加了糖類、脫脂奶粉、雞蛋、油脂等副材料，但特別要提出的是油脂和雞蛋的添加量壓倒性的多。也因此油脂添加的時間點更形重要。本書當中的添加方法，油脂的添加時間雖然只有一次，但卻是將其分為2～3回地添加。無論是何種狀況，麵粉中的蛋白質吸收了大部分的水分後，麵團中的遊離水減少，麵團水分消失時，基本上就是油脂添加的時間點。其原因在於油脂會沿著麵筋組織的網狀結構滲入，在麵筋組織大部分形成後添加，可以使油脂更容易滲入。此外，油脂、雞蛋等副材料越多，麵團越柔軟，因此攪拌時間也會隨之變長。

＜第1階段＞ 混合材料

利用1速攪拌3分鐘，使各種材料完全分散地混拌。因雞蛋配方非常多，因此麵團柔軟容易沾黏。看不出來麵筋組織的形成，麵團略有彈性，一拉扯很容易就會將麵團撕開。

＜第2階段＞ 麵粉的水和

利用2速攪拌3分鐘（合計6分鐘），開始形成麵筋組織之形態。因麵團狀態很柔軟，因此麵筋組織不具彈力。

 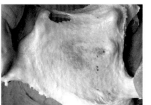

＜第3階段＞ 麵筋組織的形成…前半

利用3速攪拌8分鐘（合計14分鐘），由於相當長時間的攪拌，麵筋組織約已成形。麵團不再沾黏，麵筋組織可以薄薄地延展，已可看出其具充分的彈力及伸展性。在這個階段添加油脂。

 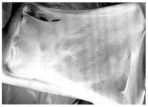

＜第4階段＞ 麵筋組織的形成…後半

添加油脂後，利用2速攪拌2分鐘、3速攪拌2分鐘（合計18分鐘），使油脂完全分散並包覆麵筋組織。麵團的沾黏幾乎已不可見，表面開始呈現平順光澤狀態。

 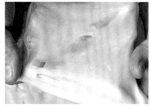

＜第5階段＞ 完成麵團

利用3速攪拌6分鐘（合計24分鐘），形成了柔軟且具延展性的麵筋組織，薄薄地延展開時，可以透過薄膜清晰地看見指紋。

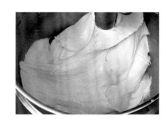 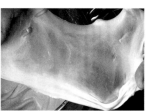

3）介於兩者中間的麵團

使用麵團：山型吐司（直接法）

使用攪拌機：直立式攪拌機

　　山型吐司是介於軟質系列和硬質系列中間的麵包。也就是它並非RICH類（高糖油）也非LEAN類（低糖油）配方，不屬於軟質系列也無法歸於硬質系列。在一般配方的麵粉、酵母、水、鹽等4種基本材料中，添加了副材料（糖類、脫脂奶粉、油脂等）。

＜第1階段＞ 混合材料

利用1速攪拌3分鐘，使各種材料完全混合，形成初期階段的麵團。麵團容易沾黏，略有彈性，一拉扯很容易就會將麵團撕開。在這個階段後半麵筋組織開始形成。

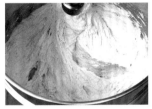 

＜第2階段＞ 麵粉的水和

利用2速攪拌3分鐘（合計6分鐘），開始形成麵筋組織之形態，可以看出麵筋組織開始產生彈力。麵團水分消失，沾黏狀態也隨之消失。

＜第3階段＞ 麵筋組織的形成…前半

利用3速攪拌2分鐘（合計8分鐘），麵筋組織已完成相當程度，可看出麵筋組織具彈力及伸展性。在這個階段中添加油脂。

＜第4階段＞ 麵筋組織的形成…後半

添加油脂後，利用2速攪拌2分鐘、3速攪拌1分鐘（合計11分鐘），使油脂完全分散並包覆麵筋組織，因此伸展性變得更好。

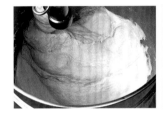 

＜第5階段＞ 完成麵團

利用3速攪拌5分鐘（合計16分鐘），麵團完成。形成柔軟且具延展的麵筋組織，薄薄地延展開時，可以均勻地經由薄膜透視的狀態。

發酵的基本

1. 麵包為何會膨脹呢

麵包為何會膨脹呢？即使對於許多麵包製作技術者而言，都還是個費解的課題。揉和完成的麵團發酵後放入烘焙，麵團就能膨脹數倍地烘烤完成。

為了製作出能如此膨脹起來的麵包，麵包麵團必須重覆經過幾次的發酵（膨脹）及作業者手工進行的步驟。膨脹、發酵是在培養麵團，作業的意思就是加諸於麵團的負荷（壓力）。要烘烤出具有膨鬆柔軟內側的麵包，不只要使麵團膨脹一次，重要的是要不斷地重覆膨脹壓平，逐步地強化培養麵包地使其發酵膨脹。

藉著發酵膨脹起來的麵團，就像是橡皮汽球般，吹入的氣體和橡皮汽球本身都很重要。吹入的氣體之於麵包就是二氧化碳，而橡皮汽球就是麵筋組織。

2. 二氧化碳的形成

二氧化碳，是由麵團發酵所生成的。一般稱之為麵團發酵，嚴謹而言是添加在麵團內的酵母所產生的酒精發酵，酵母以攝取葡萄糖為其主要的營養來源，並在細胞內分解生成二氧化碳和乙醇等生物化學反應，這也稱為酵母的代謝。二氧化碳，就是酵母所排出無味無臭的氣體，也是使麵包像橡皮汽球般膨脹的吹入氣體。

藉由這樣的代謝，與二氧化碳同時生成的乙醇，是芳香性的酒精成份，也成了麵包風味來源之一。此外，在代謝時釋出的熱量（能量），會使麵團溫度升高更加活化酵母的作用。

像這樣的酵母代謝，是麵團發酵不可或缺的生物化學反應。

3. 麵筋的形成

如同橡皮汽球般製作出承接二氧化碳的容器，就是稱為麥穀蛋白與醇溶蛋白，小麥特有的蛋白質，這些對麵團性質有相當大的影響。具有彈性特質的麥穀蛋白與具有黏性的醇溶蛋白，在加入水及物理性外力（攪拌、揉和、摔打等）時，就會形成具有黏彈性且富有立體網狀的組織，稱之為麵筋組織。

麵包製作時，麵筋組織是在攪拌作業中形成。攪拌初期無法延展的麵團，會逐漸變得能延展成薄膜狀態，這就是麵筋形成的狀態。具柔軟性質的麵筋組織，不僅可以將酵母酒精發酵所生成的二氧化碳保持在網狀組織內，還能避免氣體散出地保持膨脹。此時麵筋組織的網狀結構密度越高，氣體的保持能力越高，就越能膨脹起來。

為使麵包能如此地膨脹，麵團中酵母的生化反應，與因攪拌而成麵筋組織的黏彈性，缺一不可。

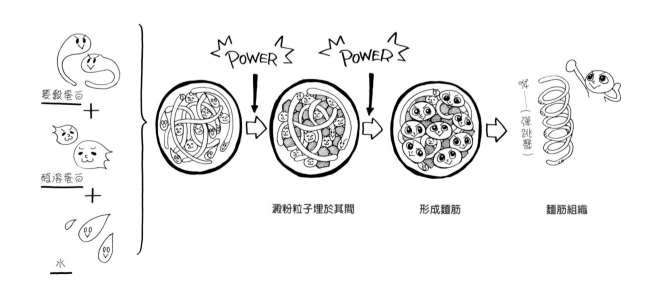

麥穀蛋白　＋　醇溶蛋白　＋　水　　　　　澱粉粒子埋於其間　　　形成麵筋　　　麵筋組織

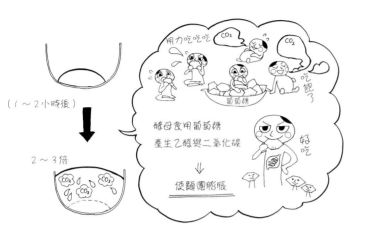

（1～2小時後）

2～3倍

酵母食用葡萄糖
產生乙醇與二氧化碳
↓
使麵團膨脹

後晃不穩的麵筋柱子　　因S-S結合成橫樑而呈固定狀態

與氧化相反的現象（S-S結合的胱氨酸分解成SH基的半胱氨酸）就稱為麵團的還原，會產生在過度發酵或過度熟成的麵團中。此時因麵筋組織中的連結消失了，因此會失去其安定性，造成麵團的鬆弛。

4. 麵團的緊縮（氧化）與緩和（還原）

隨著麵團發酵的進行，麵團的彈力也會越來越強。這是因為麵筋之間也形成了連結。一條條的麵筋是由硫原子組成，含硫胺基酸的半胱氨酸等間隔地排列而成。半胱氨酸擁有SH基，與對向的另一條麵筋中排列著的胱氨酸引起化學反應，變化形成S-S結合的胱氨酸。這就是麵筋與麵筋結合形成連結，也使得麵筋組織更為強化安定。若將麵筋組織比喻為房子的柱子，那麼連結柱子的橫樑就是S-S結合，柱間的橫樑越多房子就更堅固。這樣的現象稱為麵團的氧化。

S-S 結合

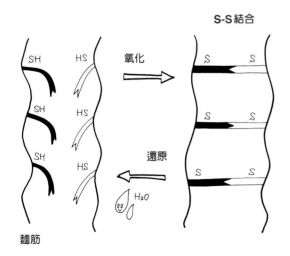

氧化

還原

H_2O

麵筋

烘焙的基本

製作麵包作業的最後階段是烘焙。麵團放入烤箱烘焙完成，由烤箱出爐後，才是麵包的誕生。正如字面的意思，烘烤加熱使表層外皮與柔軟內側呈適度狀態，即是烘焙的目的，烘焙可以分為直接烘焙、烤盤烘焙、模型烘焙三大類。

本章節中，是以業務用的麵包專用電烤箱(具上、下火垂直型、有蒸氣功能)為前提進行解說。

1. 直接烘焙

直接烘焙，指的是將麵團直接放置在烤箱底部(壓縮石板)上進行烘焙的方法，完成最後發酵的麵團會先移至滑送帶(slip belt)上，再放入烤箱底部。直接烘烤的麵包以硬質系列、半硬質系列居多，因為是LEAN類(低糖油)配方，表層外皮不易呈色，因此烘焙溫度會設定得略高。

一般而言，直接烘焙的麵包約是以200～250℃進行烘焙，大部分在放入烤箱後會立刻加入蒸氣，麵團表面濡濕後，加熱時更能促進麵團在烤箱內延展，也能使表層外皮更加硬脆。烘焙時間，小型40～50g約是15分鐘左右，中型300～400g約是30分鐘左右，700～800g的大型麵包則約需45分鐘左右。當然依麵團的種類，烘焙溫度和時間也會有所不同，必須加以調整。

2. 烤盤烘焙

烤盤烘焙，是將整型好的麵團排放在烤盤上進行最後發酵，之後放入烤箱內烘焙。此時依整型的形狀，排放在烤盤的排列方式或數量上限也會隨之不同。為防止烘焙不均，應儘可

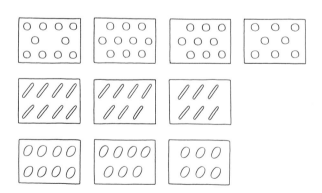

能對稱式地等間距擺放。烘焙40～50g的麵團時，可如左下圖示般排放。

以烤盤烘焙時，大部分是軟質～半硬質系列的麵包較多，因RICH類(高糖油)配方表層外皮的呈色較佳，因此烘焙溫度設定會較直接烘焙的溫度略低。一般來說，烤盤烘焙的麵包約是以180～220℃進行烘焙，烘焙時間，40～50g的小型麵包約是10分鐘左右，150～200g中型麵包約是20分鐘左右。

此外，即使是相同重量的麵包麵團，形狀不同時烘焙溫度和時間也會隨之不同。例如，50g的麵團整型成圓形時，設定為烘烤溫度上火200℃、下火200℃，烘烤10分鐘；整型成棒狀的烘烤溫度，則是上火200℃、下火190℃，烘烤9分鐘；而整型成薄平形狀的烘烤溫度，則是上火190℃、下火180℃，烘烤8分鐘。這是因為滲透至麵團的熱效率之差異。薄平型的麵團加熱及呈色較快，圓形及棒狀等因厚度及其紮實的形狀，使得加熱及呈色都需要更長的時間。請大家務必要記住即使是相同的重量，麵包形狀不同，烘焙的溫度和時間也會有5～10%的增減幅度。

3. 模型烘焙

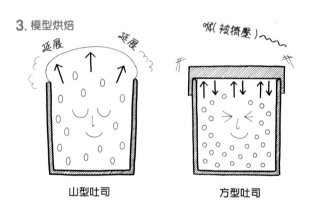

山型吐司　　　　方型吐司

模型烘焙，是將整型好的麵團放入模型中進行最後發酵，再放入烤箱內烘焙完成。

模型烘焙，可以分成頂部開放模型(無蓋)，不限制麵包體積烘烤的麵包(山型吐司)，和加蓋限制麵包體積的麵包(方型吐司)。

頂部開放模型因上火直接烘烤麵團表面，容易使表層外皮上色，因此上火會設定得略低。

另一方面，加蓋烘焙時，因全部覆蓋著模型，所以設定溫度會是上、下火相同，或是上火略高地烘焙。這是因為麵團膨脹至接觸到模型蓋為止，約需10分鐘左右，是為了使麵包表層外皮適度地呈色而如此設定。

模型烘焙的麵包有400～450g的1斤模型、1200～1300g的3斤模型，大型麵包為多，烘焙時頂部開放式的1斤模型約 25分鐘，3斤模型約是40分鐘左右。帶蓋模型的烘焙時間比頂部開放式模型約長1成左右。此外，以模型烘焙麵包時，模型的容積與麵團重量的均衡非常重要，因此把握各種麵團的特徵，由經驗法則算出模型麵團比容積(→P.9)會更方便。

4. 熱效率與熱傳導

烘焙作業，如前所述可以分為三種類型，但實際的烘焙現場必須不斷地進行不同種類的麵包烘焙。溫度和時間的設定，現實上很難做到精細的調整，但很重要的是至少可以依各別麵包的形狀、大小、種類、模型有無等進行烘焙。

因此最為重要的事，是熱效率和熱傳導。所以請考量熱效率，使其能將烤箱內的熱量均勻地分攤到複數的麵團上，並且使表層外皮得以均勻地呈色，為使烤箱內每個麵團都能在相同時間完成烘焙，必須要留心使熱量傳導至麵包柔軟內側都能導入熱能。

另一項很重要的事，就是烘焙溫度及時間都僅只能作為參考，最後必須由自己確認烘焙完成的狀態(烘焙色澤及香氣)。豐富的香氣、閃耀著金黃色澤的麵包，更能提高麵包的商品價值，引發眾人的食慾。

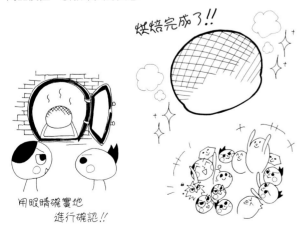

烘焙完成了!!

用眼睛確實地
進行確認!!

5. 發生在烤箱內的事

通常，完成最後發酵的麵團中央溫度為30～35℃。麵團放入烤箱後加熱，狀態才會開始發生變化。

首先，麵團溫度至50℃左右時，開始出現流動性，至60～70℃時會急遽膨脹，超過80℃時，麵團的膨脹也隨之停止。這個階段決定了麵包的體積，麵包的表層外皮確實形成，並且開始呈色，同時柔軟內側也開始固化。至95℃時，表層外皮已經變成金黃色的烘焙色澤，柔軟內側已經完全固化。經過這樣的烘焙過程，麵團得以成為稱之為麵包的食物。

這樣的變化，到底是如何引發的呢？讓我們試著由麵團中所含的主要成份(微生物和化合物等)來探索其變化吧。

1) 酵母的活動

放入烤箱的麵團，中央溫度至60℃為止，都還存在著酵母，即使是在烘焙過程中也仍持續有些微的發酵活動及二氧化碳的生成。特別是在最適合酵母活動的40℃左右時，新生成的二氧化碳量大增，至50℃為止都仍持續著。

因此，貯積在麵團中的二氧化碳，再加入新生成的二氧化碳時，會活化氣體的流動，保持住氣體的麵筋組織會因加熱而鬆弛，也會增加麵團的流動性。

超過60℃時，酵母死亡消失，因酵母所產生的發酵活動或氣體生成也隨之停止，但二氧化碳因加熱而膨脹，使得麵團因此急速膨脹起來，至80℃為止麵團的膨脹才大致完成。

2) 水分的蒸發

麵團中央的溫度超過60℃開始，麵團中含有的水分會開始慢慢汽化，輔助麵包的膨脹。超過80℃時，水蒸氣開始急速地活化至95℃左右，多餘的水分大部分都蒸發，麵包成為完全加熱狀態。

3) 麵筋組織的凝固

麵團中央溫度在60℃以下時，麵筋組織是富有黏彈性的，因其伸展性而使得麵包得以膨脹。超過60℃時，開始產生熱變性，至75℃前後，麵筋組織完全凝固，成為麵包的骨架。

4）澱粉的膨潤與固化

在完成最後發酵的階段，麵團當中同時存在著新鮮澱粉和受損澱粉。所謂受損澱粉，就是在粉類製作過程中受到損傷的澱粉，因為受損所以更容易被酵母分解或溶於水中。

麵團中央溫度在40～60℃時，首先受損澱粉因被澱粉酶的分解酵素，從高分子澱粉被分解成低分子的麥芽糖或葡萄糖，這就稱為糖化，也會提高麵團的黏度與流動性。

其次，在55～60℃時，沒有傷害的新鮮澱粉會吸收麵團中的水分進入膨潤狀態。這個階段中澱粉粒子吸收水分，雖然變得柔軟但因外部薄膜的關係，仍能保持球狀。

超過70℃時，澱粉粒子破裂，直鏈澱粉（amylose）和支鏈澱粉（amylopectin）流出，使得黏性增加，成為完全糊化（α化）的狀態。

超過85℃時，糊化澱粉中的水分成為水蒸氣釋出，澱粉固化，成為埋入麵筋組織骨架中的牆面。

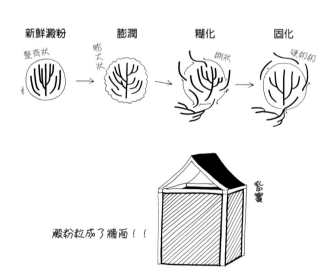

澱粉粒成了牆面！！

6. 麵包的香氣從何而來

烘烤麵包時的香氣及烘焙完成時的麵包香味，確實是無可言喻的魅力所在。豐富的香氣、金黃色澤的麵包，真是令人垂涎。那麼，麵包如此吸引人的香氣，究竟從何而來呢？

麵包，烘烤成金黃色澤的表皮或是吐司邊緣的表層外皮，以及中間白色的柔軟內側，都各有其不同的香氣。剛烘焙完成的表層外皮與柔軟內側的香氣混合後，隨著時間的經過，均勻地擴散至麵包整體，成為了複合性香氣。

1）表層外皮的香氣

表層外皮的香氣分為二大類。

首先，是存在於表皮部分的糖質焦糖化（炭化）而產生的香氣。糖質焦化過程，就像是用火加熱砂糖般。最初是砂糖融化成透明的糖飴狀態。再持續加熱後，會從淡淡糖色（溫度160℃）變化成深濃糖色（180℃）。大家所熟知布丁底部的焦糖就是這種狀態。在變成濃濃糖色時，糖質的甘甜風味幾乎完全消失，僅留下強烈的焦味，再持續加熱就變成了黑炭。烘焙麵包時，表層外皮的溫度不要超過180℃，就能停止其持續焦糖化，讓香味保持在對人類而言感覺甜香的範圍之內。

表層外皮的另一個香氣，是來自於梅納反應（胺羰反應 amino-carbonyl reaction）。這是存在於麵團中的胺基酸化合物與羰基化合物（葡萄糖或果糖等）被加熱，相互反應形成的物質香氣。簡單而言，就是蛋白質與糖質加熱後蘊釀出的獨特香氣。在我們周遭最近似的香氣，應該像是添加在味噌湯或壽喜燒當中的烤麩吧。

烘焙麵包時，感覺到的香甜味道，應該是由表層外皮的這些化學反應所產生的。

2）柔軟內側的香氣

柔軟內側的香氣，雖然種類繁多也更為複雜，但基本上可以分成二大類，主要原料和發酵生成物的香氣或風味。

· 主要原料的香氣

提到麵包的主要材料，當然是麵粉。其中約佔全體70%的澱粉因糊化而產生的香氣，就LEAN類（低糖油配方）麵包而

言，是最主要的香氣來源。澱粉糊化時，糊化物質中就存在著香味。這是除了小麥之外，其他澱粉也有的共同香味，雖然小麥澱粉與米澱粉性質略有不同，但也很近似剛煮好的米飯氣味。

· 發酵生成物的香氣

　　LEAN類（低糖油配方）的麵包在烘焙完成時的柔軟內側，就是由發酵生成物的代表－乙醇略帶刺鼻的氣味，與乳酸、醋酸等有機酸形成醋般的酸味混合後，成為微妙的特殊香氣。分切剛烘焙完成的麵包時，會感覺到有股刺激性味道，那就是乙醇的香味。乙醇會隨著時間而汽化，所以不會長時間留在麵包當中。RICH類（高糖油）配方的麵包，因砂糖的甜香、油脂或雞蛋等濃郁香味，會凌駕在麵粉或發酵生成物之上，強烈地反映出風味。

7. 麵包的烘烤色澤如何產生

　　看到麵包店內閃耀著金黃烤色的麵包，總是令人忍不住地掏出錢包。特別是剛烘焙出爐的麵包，光澤誘人、令人食慾大增。那麼，麵包的烤色究竟是如何產生的呢？

　　麵團放入烤箱中加熱時，麵團中的水分會漸漸汽化，在麵團表面形成薄薄的水氣薄膜。此時麵團表面因水蒸氣的濕潤，無法固化而容易膨脹，表面溫度在100℃左右，麵團也不會呈色。

　　再持續進行加熱，水蒸氣的膜薄乾燥消失後，麵團直接受熱至表面溫度達到150℃左右時，會產生梅納反應（胺羰反應）。此時存在於麵團中的胺基酸化合物，與葡萄糖或果糖等還原糖，因加熱而相互作用，最後產生稱為類黑精（Melanoidin）的褐色色素。梅納反應分為初期、中期、後期三階段。呈色的變化也各別是無色、黃色、褐色。

　　當麵團表面溫度達160℃左右時，存在於麵團表皮的糖質開始焦糖化（炭化）。這個階段中麵團呈現淡淡的茶色，但持續加熱至表面溫度達180℃左右時，就會變成焦黑茶色，糖質的甜味完全消失，僅留下淡淡的焦味。再持續加熱時，就會變成全黑的黑炭了。

　　因此麵包的烤色，是由梅納反應與焦糖化複合產生的，就是「金黃烤色」。

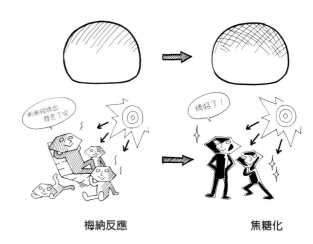

梅納反應　　　　　　　　焦糖化

麵包的製作方法

　　若說現今的日本，是世界上前所未見麵包種類最多的國家，一點都不為過吧。為了製作這些麵包，連製作方法都取自法國、德國等歐洲各國，以及美國等世界各地。這些製作方法中有該國獨特的作法，也有製作方法雖相同但名稱各異。在此為其分類如下。

　　麵包的製作方法，基本上可以分為直接法和發酵種法兩種。直接法當中，有麵團在常溫下短時間發酵法，和低溫長時間發酵法等。發酵種法當中，則有液種、麵種、酸種、自製酵母種…等。關於使用液種和麵種的製作方法，與直接法同樣又分為常溫短時間發酵法，與低溫長時間發酵法。

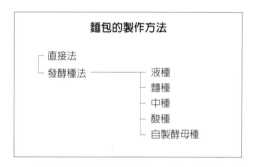

麵包的製作方法

　├ 直接法
　└ 發酵種法 ─── 液種
　　　　　　　　麵種
　　　　　　　　中種
　　　　　　　　酸種
　　　　　　　　自製酵母種

1. 直接法

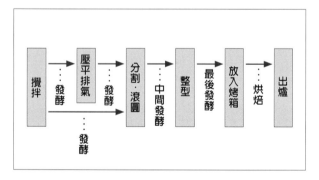

　　全部的材料放入攪拌機內，一次攪拌完成麵團的直接法，在20世紀初，由美國開始，以工業性生產出可以產生大量二氧化碳，麵包用新鮮酵母時，使用新開發的機器，劃時代性的製作方法。最初是在1916年，由美國出版的書『Manual for army bakers軍用麵包手冊』中披露「直接法Straight Dough method」。在這之前，以發酵種進行麵包製作一直

是唯一無二的作法，烘焙出麵包需要幾天的時間。最初，19世紀後半德國工業化進行啤酒酵母的製造，並將其運用在麵包製作上，麵包開始可以在製作當天完成。

　　接著到了20世紀，成功地培養出單純的麵包用酵母，1g酵母的菌數達到天文學數字般地大量躍升。結果就是短時間可以完成麵團的發酵、膨脹，全部的作業時間都大幅縮短，至今快則2～3小時，慢則5～6小時即可完成製作。

　　單純培養出麵包專用的工業製作酵母，至今約一個世紀。現今直接法已經發展成為全世界認可的麵包基本製作方法。在日本，也由小型麵包店，擴展至大規模麵包工場也廣為使用的代表性製作法。

直接法的優點

① 可以反映材料的風味

② 發酵時間短，全部作業所需的時間也短

③ 容易控制麵包的口感及膨脹體積

直接法的缺點

① 麵包較快硬化（老化）

② 麵團欠缺延展及延伸性，容易損及麵團

③ 容易限制住麵包的體積

---

2. 發酵種法

　　所謂發酵種法，是使用部分粉類、水、酵母預先製作麵團，使其發酵、熟成（發酵種），將其加入其餘粉類和其他材料中，完成正式揉和的製作方法。發酵種法會依其形態不同來區分名稱，液體（糊狀）者稱為液種、麵團狀的稱為麵種。液種與麵種使用的粉類大致是全部粉類用量的30～40%，相較於使用50～100%的中種，使用發酵種的效果和影響也較少。

1）液種

　　本書當中的液種，是取粉類總量30～40%的粉類和水，以1：1配方並加上少量的酵母和鹽混拌成糊狀的麵團，在12～24小時的範圍內低溫發酵熟成。低溫長時間發酵，可以充分反映出發酵生成物或材料本身的風味，所以會用於硬質系列或LEAN類（低糖油配方）的麵包。

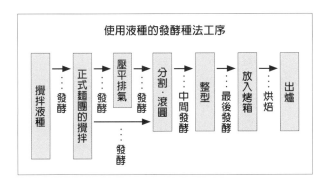

使用液種的發酵種法工序

另一方面，也存在著許多常溫短時間發酵製作的液種，那些是用了較多酵母，使其約發酵30～60分鐘製作而成的。藉由常溫短時間發酵，活化酵母，大量產生成為膨脹來源的二氧化碳，因此目的在於使麵團鬆軟膨脹，比較會使用在RICH類(高糖油)配方的糕點麵包(菓子麵包)或發酵糕點麵團。

使用液種發酵種法的優點

① 延緩麵包硬化(老化)

② 麵包的延伸及延展性較佳，不易損傷麵團

③ 低溫長時間發酵的液種，可以充分反映出發酵生成物的風味

④ 提升麵包的體積

使用液種發酵種法的缺點

① 全部作業需要較長的時間

液種的歷史還很新，據說是在19世紀前半誕生於波蘭，因此縮寫名稱為Poolish法。即使是歐洲各地，也是在1920年後以法國、德國為中心，使用工業製造酵母製作出液種。在此介紹本書主要使用的液種。

· **Poolish**(法國)

誕生於波蘭的這款液種，在20世紀初由維也納經巴黎傳遍全法國，成為傳統法國麵包製作之主流。在20世紀後半，更簡便的直接法或利用殘餘麵團的製作方法抬頭，取代了Poolish法。但直至21世紀的現今，可以大幅縮短當日生產時間的冷藏發酵或長時間發酵的Poolish法，以大量生產的工廠為主，重新由製品管理或勞務管理層面再次審視並加以運用。

· **Ansatz**(德國)／**Starter**(英國、美國)／**Biga**(義大利)

基本上是以麵粉、水、大量酵母製作，使其常溫短時間發酵(30～60分鐘)。以作為RICH類(高糖油)配方的糕點麵包(菓子麵包)，或發酵糕點專用的液種，而加以運用。

2)麵種

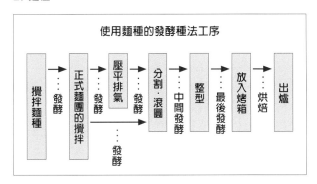

使用麵種的發酵種法工序

本書當中的麵種，指的是除了中種之外的所有麵種，在全部粉類的25～40%中添加酵母、鹽以及水揉和，在12～24小時範圍內使其發酵熟成的發酵種。在麵種中加入其餘粉類、水、酵母及其他副材料混合，就完成正式麵團了。

使用麵種發酵種法的優點

① 延緩麵包硬化(老化)

② 麵包的延伸及延展性較佳，不易損傷麵團

③ 可以充分反映出發酵生成物的風味，讓麵包風味更佳

④ 提升麵包的體積

使用麵種發酵種法的缺點

① 全部作業需要較長的時間

② 正式麵團中必須追加放入酵母

麵種的歷史悠久，特別是歐洲各國各有其獨特傳承的麵種，在20世紀後半，利用工業製造酵母的麵種也成為一般常見廣泛的使用。在此介紹本書當中主要使用的麵種。

· **levain levure**(法國)

基本上以麵粉、水、少量酵母、鹽製作麵團，在較低溫環境中長時間(12～24小時)發酵製作而成的。

· **levain mixte**（法國）

在準備麵種時，添加發酵麵團是其特徵。前一天或是當天製作的發酵麵團，在攪拌麵種時添加5～10%的比例，更嚴謹地說就是2階段式的麵種，可以賦予麵包更強的發酵力和發酵生成物。此外，因放入正式麵團的比例較高，因此烘焙完成的麵包帶著隱約的獨特風味和口感。

levain mixte能夠烘托出小麥或裸麥等穀物的美味，以及發酵所帶來的風味，是現代法國的主流製作方法之一。

· **Vorteig**（德國）

德文的意思是前麵團，基本上是用麵粉、水、少量酵母和鹽製作的麵團，在較低溫的環境中使其長時間（12～24小時）發酵而成的。主要做為麵包的麵種來使用。

· **Starter**（英國、美國）

基本上以麵粉、水、少量酵母製作麵團，在較低溫的環境中使其長時間（12～24小時）發酵而成。主要做為麵包的麵種來使用。

3）中種

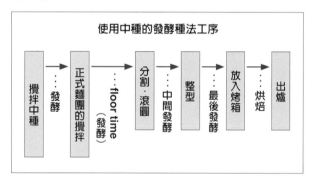

中種是麵種的一種，相對於一般麵種製作，使用粉類未達全部粉類50%的量，中種使用的是全粉類用量的50～100%，比例與其他不同。再者，日本「中種」的名稱，在業界非常慣於使用，所以本書特別區隔加以介紹。

此製作方法始於1950年代的美國，利用工業製酵母確立出Sponge and dough method，在日本則以「中種法」稱之。

全部粉類用量的50～100%和水、酵母揉和使其發酵，製作中種（Sponge），加入其餘材料以完成正式麵團。在日本，以大型麵包廠為首，是許多量產型工廠採用的代表性製作方法。

以中種法製作時，正式麵團的最初發酵（攪拌後進行的發酵），習慣上會稱之為floor time。

使用中種發酵種法的優點

① 延緩麵包硬化（老化）

② 麵包的延伸及延展性較佳，不易損傷麵團

③ 中種的發酵時間較長，因發酵產生的酸味及風味較強

④ 可以製作出柔軟且具體積的麵包

使用麵種發酵種法的缺點

① 全部作業需要較長的時間

② 必須確保中種的發酵設備及空間

日本的中種，分為吐司麵包系列和糕點麵包（菓子麵包）系列。吐司麵包系列，使用粉類的70～80%，加上水、酵母製作中種。糕點麵包（菓子麵包）系列，則是再加上配方中的部分糖類。日本的糕點麵包（菓子麵包），糖類的配方相對於粉類的30%左右，較一般配方高，若是一次全部添加，麵團會變成高蔗糖濃度且高滲透壓的狀況。如此會導致酵母細胞壁的破壞，造成酵母活性的低落，為避免產生這種狀況，糖類的添加會分別在中種及正式麵團中添加。因此糕點麵包（菓子麵包）系列的中種，稱為加糖中種，以區別吐司麵包系列的中種。加糖中種為強化發酵力，會在中種裡增加酵母的用量，除了糖類之外，雞蛋或脫脂奶粉等配方較多時，也會將其部分添加至中種裡。

4）酸種

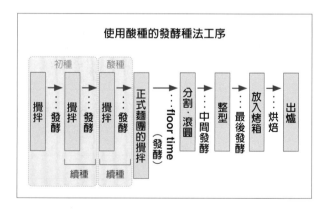

主要用於裸麥麵包的製作方法，所謂酸種是用裸麥粉和水（也有添加少量鹽分的狀況）製作的發酵種。在德國當地被稱

為Sauerteig，嚴謹的來說，它不是「種」而應該是「麵團」的意思。

製作酸種，是由原始的初種（Anstellgut）起種開始。裸麥粉和水揉和的麵團經過4～5日，邊續種邊使其發酵熟成的就是初種，重覆1～3次的續種，就完成了酸種的製作。酸種與其他材料一同揉和製作的麵團放入烘焙，就完成了裸麥麵包。

以前，用裸麥自製酵母種（酸種）使裸麥麵包發酵，是唯一的製作方法，但工業製品的新鮮酵母開發後，合併使用酸種和新鮮酵母的製作方法已受到大家的肯定。

＜乳酸發酵和酒精發酵＞

裸麥當中除了酵母之外，還附著許多乳酸菌。加水揉和起種時，首先乳酸菌會分解裸麥的糖質（葡萄糖或戊糖Pentose）進行乳酸發酵，生成乳酸、醋酸、乙醇、二氧化碳等生成物。這些生成物降低了麵種的pH值，當數值降至4.5以下時，接著促進了附著在裸麥上酵母的活性化。酵母的活動，促使酒精發酵，生成乙醇和二氧化碳，使麵種發酵、熟成。再重覆繼續進行續種，隨著階段性的發酵、熟成進而完成初種。簡單而言，酸種就是乳酸菌和酵母共存共榮的產物。

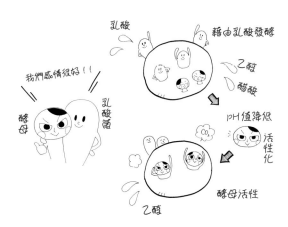

＜裸麥中所含的成份＞

裸麥粉的成份，蛋白質14%、戊聚糖8%、除去戊聚糖的澱粉60%、礦物質等其他成份有5%，其他是水分。列舉其中最主要的三種成份及其特性。

・無法形成麵筋組織的裸麥蛋白

裸麥的主要蛋白有：白蛋白（albumin）、球蛋白（globulin）（二者皆為水溶性、鹽溶性）、醇溶穀蛋白（Prolamine）（醇溶性），以及穀蛋白（glutelin）（鹼溶性）。

佔小麥蛋白80%的麥穀蛋白和醇溶蛋白，與水結合時會產生黏著性、彈力性的麵筋組織，因此能成為麵包骨架地保持住氣體，使麵包膨脹。但裸麥當中穀蛋白雖與麥穀蛋白是同一種蛋白，但性質相異，並沒有彈力性。另一方面醇溶穀蛋白與醇溶蛋白的性質近似，與水結合後會產生黏著性。因此，僅使用裸麥粉無法形成麵包中的麵筋組織，因而無法保持住麵團內的氣體，即使麵團具有伸展性但卻沒有彈性，會成為不具膨脹體積的麵包。

・戊聚糖的存在

所謂的戊聚糖是由多數的5單糖（由5個炭素結合成的單糖類之一）的戊糖所結合而成的高分子。約40%是可溶性，其餘是不可溶的戊糖。

可溶性的戊糖，加入大約重量8～10倍的水分分解後，會產生膠化（溶於水中的戊糖微粒子凝集固結），水分大部分會保持在膠狀內。

另一方面，不可溶的戊糖，與吸收水分的蛋白結合，變化成糊狀物質。

一般的酸種，初種即使是裸麥10相對於水分8的比例來混合，無法形成麵筋組織但能保持麵團形狀，是因為裸麥中存在著戊聚糖之故。

此外，加熱時因為是高保水性狀態下固化，因此裸麥麵包有其獨特的彈性，也因其高保水性，所以是款可以放置較長天數的麵包。

· 裸麥澱粉的作用

　佔裸麥60%的澱粉，與經水和、膨潤而糊化，再因加熱而固化的小麥澱粉具有同樣的作用，但因沒有作為裸麥麵包骨架的麵筋組織，因此會成為紮實具彈力的柔軟內側。再加上裸麥澱粉的糊化溫度帶，較小麥澱粉低10℃，因此在較早階段即開始固化，也因此形成獨特的厚實表層外皮。

<使用酸種的目的·意義>

　自古以來，酸種即是裸麥麵包麵團發酵及膨脹所需氣體的必要來源，沒有酸種，麵包就無法膨脹，所以是必要且不可或缺的。但使麵團膨脹的氣體來源，在開始可以簡單地添加工業製酵母之後，酸種的存在意義產生了變化。也就是說，麵團的膨脹已是酵母的作用，麵團的pH值、酸度調整、因發酵生成物所產生的風味，才是添加酸種的目的，各別依其作用加以區隔。

　即使在德國，酸種的最後完成階段也會添加少量酵母，在攪拌裸麥麵包麵團時，添加酵母的配方也很常見。

　此外，由初種至酸種完成時的續種次數，分成1階段法、2階段法、3階段法。自製酵母的酸種，若能進行至3階段法，就能得到足以維持麵包體積的氣體產生量，但因1階段法、2階段法尚不夠完備，因而如前所述一般通常會再添加酵母。

5) 自製酵母種

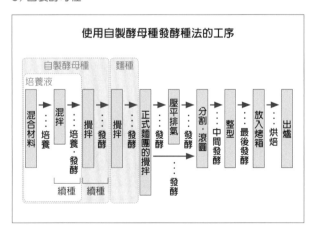

　所謂自製酵母，一般來說指的就是「天然酵母」。

　相對於其他麵種，大多利用工業製品酵母進行製作，自製酵母是以穀類為始，利用附著於果實、蔬菜等，浮游在大氣、棲息於自然界的酵母、細菌類來製作麵包。更嚴謹地可以說是為使麵包麵團發酵、熟成、膨脹，自家培養野生酵母，或某種細菌以培養的發酵種，就是自製酵母。以具營養成份的水為培養皿，放入以酵母為首的微生物加以培養，再將其放入麵粉或裸麥粉內，培養、發酵、熟成地加以製作。

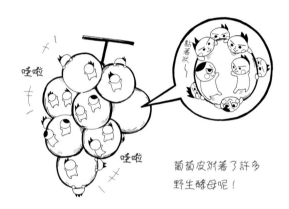

葡萄皮附著了許多野生酵母呢！

　工業製品的新鮮酵母1g就存在著100億以上、即溶酵母則有300億以上的活酵母，只要2～3小時就能烘焙出體積膨脹的麵包，相對於此，僅只有數千萬酵母的自製酵母，並沒有短時間內能生成膨脹麵團氣體量的能力。必須要慢慢地培養酵母或細菌使其發酵，從起種至烘焙完成，最短也需要幾天的時間。

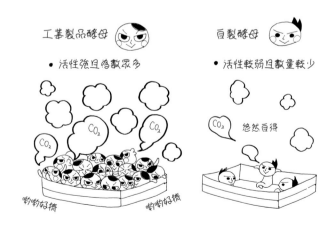

· 自製酵母的意義

　　自古以來麵包的製作，是利用麵團中酵母和細菌等（乳酸菌或醋酸菌等）微生物的培養，利用其生化反應之一的發酵，使麵包膨脹。但1g存在100億活酵母的工業製品酵母出現後，作為麵團膨脹原動力的必要性變得薄弱。考量到麵團的發酵及膨脹力，以自製酵母中所含的酵母數而言，確實不是有效率的製作法。

　　但自製酵母種當中，除了酵母之外，仍有與酵母共存的其他細菌群，因其活動所產生的有機酸（乳酸、醋酸、檸檬酸、酪酸等）或乙醇等芳香性酒精，也能賦予麵包風味。考量到這些賦予麵包獨特且具魅力之特性，自製酵母的使用仍有其存在的意義、目的與價值。

自製酵母不是單獨存在的！

· 自製酵母需注意的重點

　　自然界中存在著自製酵母所利用的酵母、細菌類，但同時也存在著腐敗菌和病原菌，因此自製酵母的管理上必須要非常注意。最重要不可以忘記的是，我們所製作的是入口的食品。酵母種出現腐敗氣味、發霉、黏度提高等狀態時，請視其為腐敗。若是沒有留意到酵母種的腐敗，可能會引發二次感染或食物中毒。必須要注意觸摸過酵母種的手不要觸接麵包，或是相同位置不要放置烹調或糕點製作用具等等。

2

麵包製作的基本技術

1. 預備作業

在麵包製作時能一股作氣地進行，材料及模型的預備不可欠缺。事前預備也是麵包製作上非常重要的步驟。

測量材料

材料無論是粉末、固態或是液態，都必須進行基本的重量（公克）測量。

粉類過篩

麵粉過篩後使用。藉由過篩以篩出結塊或防止異物混入。同時也藉此使粉類飽含空氣，可以達到迅速吸收水分的效果。

全麥麵粉或裸麥粉等，過篩會使麩皮或較粗的粒子被篩出，因此不用過篩。

● 脫脂奶粉需注意

脫脂奶粉具有高吸濕性，容易結塊，因此測量後若沒有立刻使用，可以先與粉類或糖類一起混合備用。

混合粉類

麵粉、鹽、砂糖、脫脂奶粉等粉類，可以預先混合備用。放入攪拌缽盆中，以攪拌器均勻混合。

預備水分

水分的預備可以在攪拌前，並同時進行以下連貫作業。

● 調整水溫

為使麵團達到揉和完成的溫度，調降水溫或提高水溫。（→求出水溫的計算式P.9）

● 取出調整用水

因室溫、濕度及粉類狀態等，每次麵團揉和完成的狀態都不盡相同。因此，不是將全部水分放入攪拌，而是事先取出部分配方用水，邊視攪拌情況邊進行添加調整。預先取出的水分就稱為調整用水。調整用水大約是配方用水的5%左右。若是麵團仍然過硬時，可以再加入使用。

● 溶化新鮮酵母

新鮮酵母，用手推散後放入已取出調整用水的水分中，用攪拌器攪拌使其溶化。

● 溶化麥芽糖精

在已取出調整用水的水分裡，再取部分用來溶化麥芽糖精，溶化後再加回水分中。

油脂放至回復室溫

由冷藏庫取出的奶油或酥油，因過硬而不易與麵團混拌。因此使其軟化至可以用攪拌機攪散的程度，是基本作業。

預先從冷藏庫取出，放置於室溫下至適度的硬度。

● 奶油硬度的標準

過硬
指尖無法按入。

適度的硬度
指尖略略按入。中央溫度約為18℃左右。

過軟
完全沒有障礙地按入。

在發酵箱或模型上塗抹油脂

在發酵箱或模型上塗抹油脂時,可以避免麵團沾黏方便取出。一旦沾黏在發酵箱上,取出麵團時會造成麵團的拉長或表面粗糙。油脂可以使用酥油等無味無臭的。

2. 攪拌

使材料均勻分散,並使空氣進入材料中以製作出具適度彈性和伸展性的麵團。在麵包製作上,是最重要的步驟之一。

添加調整用水的時間

調整用水雖然是在麵團揉和完成時添加,但儘可能在攪拌過程中較早階段添加,揉和完成時能與麵團完全混合非常重要。

確認麵團狀態

麵團狀態,是決定攪拌機變速或攪拌完成時的重要標準,因此過程中必須不時確認。

● 狀態的確認方法

1 用手取部分麵團。約是雞蛋大小。

2 利用指腹拉開麵團,由中心朝外地避免破裂地拉開。

3 逐漸改變麵團拉開的方向,再繼續拉開。重覆至儘可能拉薄麵團。

4 可以透視指腹的程度(薄膜的厚度)、拉破薄膜時的力道(麵團結合的強度)、拉破時薄膜的光滑程度(麵團結合的程度)等等,以確認揉和狀態。

刮落攪拌中的麵團

攪拌時沾黏在缽盆或攪拌臂上的麵團，必須在攪拌過程中不斷地刮落使其能一起混拌成均勻狀態。

攪拌後整合麵團的方法

由攪拌機取出麵團，為提高麵團的氣體保持力，必須使其表面緊實地整合麵團並進行發酵。整合後的麵團，也更能判斷其發酵程度。

● 在發酵箱內的整合

1 由攪拌機取出麵團放入發酵箱內，稍微用力拉開再進行折疊。

2 再重覆進行1～2次折疊地整合麵團，麵團表面自然形成張力。

3 配合發酵箱的形狀重新放置麵團，調整麵團張力。要緊實麵團，麵團的邊緣必須藏入底部，要鬆弛麵團時則相反地進行。

● 拉提麵團地進行整合

1 拉提麵團時，因重量而向下拉長，利用表面變得光滑平整地進行麵團整合。

2 左右手不斷交替地緊實麵團表面。

3 整型後放入發酵箱內，與上述3相同地調整麵團張力。

● 在工作檯上按壓滾圓

麵團較為堅硬，無法依上述2的方法加以整合，所以將麵團取出放置在工作檯上滾圓。表面容易斷裂，因此必須多加注意力道。

1 麵團由外側朝中央折疊，再以手掌根部按壓麵團。

2 同時徐緩地改變麵團方向，不斷重覆麵團折疊按壓的動作。

3 待表面緊實地整合成圓形時，放入發酵箱內。

揉和完成的溫度

決定麵團揉和完成溫度的重要因素，在於水溫、室溫、粉溫。這些會隨著季節而有很大的變化，因此揉和完成的溫度很難保持相同，但揉和完成溫度與發酵時間的長短有很大的關係，因此設定以±1℃為目標。有了這樣的範圍，發酵時間的差異也可以控制在5～10分鐘內。

麵團溫度在發酵時會逐漸上升，因此長時間發酵時，揉和完成的麵團溫度較低；短時間發酵時，麵團溫度較高，是基本概念。像是重視發酵時產生風味的LEAN類（低糖油配方）硬質麵包，麵團揉和完成溫度為24～26℃，而RICH類（高糖油配方）軟質麵包，則是以26～28℃為參考標準。

● 揉和完成溫度的調整方法

揉和完成溫度的調整，相較於其他材料，大部分會用容易進行溫度調節的水分來處理。（→求得水溫的計算式、P.9）

但長時間攪拌時，或室溫過高時，無法僅以水溫控制，可以冷卻或溫熱攪拌缽盆以進行調整。

● 測量揉和完成的溫度

將溫度計插入揉和完成的麵團中央，以量測溫度。

3. 發酵‧壓平排氣

所謂發酵，指的是利用微生物的作用，生成對人類有益之物質。生成的是有害物質時則稱為腐敗。

麵包製作時的發酵，指的是利用酵母生成二氧化碳，使麵團膨脹，生成的酒精及香氣成份，則成為麵包的風味。

發酵室的溫度及濕度

發酵中，麵團的溫度漸漸升高，酵母開始活動。發酵溫度標準為28～30℃。麵團揉和完成的溫度與目標有相當差異時，必須要進行調整。濕度則以70～75%為標準，避免麵團表面乾燥地保持濕度。

發酵狀態的確認方法

● 手指測試

食指蘸手粉後插入麵團、抽出，以殘留的手指痕跡來確認發酵程度。

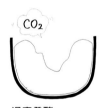

適度發酵
手指痕跡直接保持原狀。

發酵不足
麵團回復原狀地使手指痕跡慢慢變小。

過度發酵
手指周圍沈陷，出現大型氣泡、釋出氣體。

● 用指腹確認

用指腹輕輕按壓麵團，以留下的痕跡來確認發酵的程度。麵團可以留下痕跡的狀態是適度發酵。若麵團表面呈濕潤狀態時，可以在手指上蘸取少量手粉後進行。

由發酵箱取出

發酵麵團由發酵箱取出時，為避免對麵團造成負擔，可以倒扣發酵箱利用麵團本身的重量取出。若麵團沾黏在發酵箱裡，可以利用刮板少量逐次地剝離麵團取出。

壓平排氣

壓平排氣的目的，是為排出發酵中所產生的氣體，使麵團內的氣泡能細緻均勻。此外，也為刺激麵筋組織，使鬆弛的麵團再次緊實。

依麵團的種類和狀態不同，會改變折疊方法並酌量對麵團的施力。在布巾上進行時，可以不必多使用手粉地操作。

● 強力的壓平排氣　　適合軟質系列、想要做出膨大體積的麵包

1 按壓全體麵團。　　2 由左右折疊按壓。

3 由自己向前折疊。　　4 由外側朝內折疊按壓。

● **稍強的壓平排氣** 適合軟質系列或略屬LEAN類（低糖油配方）的麵包

1 輕輕按壓全體麵團。

2 從左右折疊。

3 由自己向前折疊。

4 由外側朝內折疊。

● **較輕的壓平排氣** 適合半硬質系列的麵包

1 輕輕按壓全體麵團。

2 由左右折疊。

● **輕輕的壓平排氣** 適合硬質系列的麵包

由左右折疊麵團。

將壓平排氣後的麵團放回發酵箱

壓平排氣後的麵團，儘量不要觸及平整光滑面，依下列順序放回發酵箱。

1 從自己的方向拉起布巾。

2 輕輕地提起布巾並翻轉麵團（使平整光滑面朝上）。

3 使用手部及腕部的力量抬起麵團放回發酵箱。

＊放入發酵箱後，整型麵團調整麵團張力。要緊實麵團時麵團的邊緣必須藏入底部，要鬆弛麵團時就需相反進行。

4. 分割

將麵團配合完成時的大小、重量、形狀進行分切的作業。

麵團與量秤的位置

將麵團放在慣拿刮刀的手腕邊，在對向放置盤子、量秤就能方便作業了。

切分麵團

刮刀由上向下按切，避免切口相黏地立即將麵團切開。配合分割重量，儘可能切成大的四方型以利下一項滾圓作業。刮刀前後拉動切分時，切口會沾黏在刮刀上導致不易分切，也會造成麵團表面粗糙。

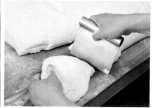

測量麵團

分切後的麵團放至量秤上測量重量，配合分割重量地可以再添加或切下麵團地進行微調。麵團切得太細小時，會影響下個滾圓作業的進行，也容易造成麵團的龜裂，儘可能減少切分次數地達到目標重量。

5. 滾圓

　　將因發酵鬆弛的麵團滾圓、整型，以緊實麵團，同時也能使分割後的麵團更利於後續整型的步驟。依麵團大小，滾圓的方法也隨之不同，依麵團種類的差別，加諸的力量強弱也會隨之改變。

滾圓的步驟

● 小型麵團的滾圓　　以右手進行為例

1 麵團由自己朝對向對半折疊。　2 用手掌包覆麵團般地，手朝左動作地使麵團滾動。

＊指尖觸及工作檯的狀態下，麵團邊緣朝下滾動，至麵團表面呈現緊實光滑為止，重覆2的滾圓動作。
＊可以雙手同時滾圓兩個麵團，較硬的麵團在工作檯上作業時很容易滑動，因此有時也會放在手掌上滾圓。

● 大型麵團的滾圓　　以右手進行為例

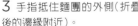

1 麵團由自己朝對向對半折疊。　2 轉動90度改變方向後，同樣對半折疊。

3 手指抵住麵團的外側（折疊後的邊緣附近）。　4 指尖朝右下以描繪圓弧方式地朝自己的方向轉動麵團。

＊指尖在麵團邊緣朝下滾動。至麵團表面呈現緊實光滑為止，重覆3・4的動作。
＊麵團太大無法單手進行時，可用雙手進行。
＊也可以兩手各一個麵團地同時滾圓兩個麵團。

● 大型麵團的整合　　適合整型成棒狀的硬質系列

1 麵團由外側朝自己對半折疊。　2 用手輕輕地將麵團朝自己的方向拉動，輕輕緊實麵團。

＊想要讓麵團更具力道時，可以重覆1的步驟再次進行操作。

● 按壓滾圓　　適合使用酸種的麵團

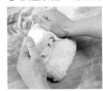

1 單手扶住麵團，由外側朝中央折疊麵團，用手掌按壓麵團。　2 一邊讓整個麵團慢慢朝左轉動，同時少量逐次地折起麵團，由外向內按壓在中央略偏右的位置。　3 重覆2的作業，使麵團表面緊實地滾圓。

硬質系列麵團的滾圓注意點

　　硬質系列的麵團不太容易延展，因此若使用與軟質系列麵團相同的力道滾圓時，會造成麵團的斷裂，表面粗糙龜裂。滾圓或整合麵團時，次數和力道都必須酌量進行。

產生表面粗糙的麵團

麵團的排放方式

　　滾圓的麵團排放在板子或布巾時，必須考量到發酵膨脹等狀態，因此需留有距離地排放。

6. 中間發酵

　　因滾圓而緊實的麵團，為使其能方便整型地靜置。這個時間就稱為中間發酵。

　　基本上是在麵團發酵的條件下靜置。雖然會因麵團的種類及滾圓的強弱而有不同，但用指尖輕輕按壓，會留下按壓痕跡時，就是已充分靜置的基本判斷。

7. 整型

　　整合成最後麵包形狀的作業。依麵團不同，加諸的力道強弱也會因而不同。一般硬質系列的整型力道會弱於軟質系列。

整型的步驟

● 整型成棒狀

1 用手掌按壓以排出氣體。

2 平滑面朝下，由外側朝中央折疊⅓，用手掌根部按壓麵團邊緣使其貼合。

3 轉動180度，同樣折疊⅓，按壓。

4 由外側朝中央對折，用手掌根部按壓麵團邊緣使其閉合。

5 單手放置在麵團中央處，輕輕按壓並滾動麵團使麵團變細，再用雙手邊滾動麵團邊使麵團向兩側延長，至呈粗細均勻的棒狀。

6 整型成長棒狀時，則重覆5的作業至必要的長度，儘量以最少次數達到理想長度。

● 整型成圓形　以右手為例

1 用手掌按壓以排出氣體。麵團由自己朝外對半折疊。

2 用手掌包覆麵團般地，手朝左動作地使麵團滾動。

3 捏合底部使其確實閉合。

＊指尖觸及工作檯的狀態下，麵團邊緣朝下地滾動，至麵團表面呈現緊實光滑為止地重覆2的滾圓動作。

＊可以雙手同時滾圓兩個麵團，較硬的麵團在工作檯上作業時很容易滑動，因此有時也會放在手掌上滾圓。

● 整型成圓柱形

1 用擀麵棍擀壓麵團以排出氣體。首先由麵團中央朝外側擀壓，接著再由中央朝自己方向擀壓。

2 反面也同樣地進行擀壓，使麵團呈現均勻的厚度。

3 光滑面朝下地將麵團由外側朝中央折疊⅓，用手掌按壓使其貼合，自己的那一側也同樣向中央折疊⅓並按壓。

4 轉動90度，外側邊緣少許地朝中央折疊，輕輕按壓。

5 由外側朝身體方向捲入。使其表面緊實地用姆指輕輕按壓，緊實地捲起。

6 捲起後用手掌根部確實按壓使其閉合。避免圓柱形的直徑大過於模型寬度。

＊麵團的外側及自己的方向，用擀麵棍分開擀壓時可以確實排出氣體。氣體沒有充分排出，會使麵包柔軟內側產生大氣泡，且氣泡孔洞不均。

＊麵團厚度不均勻時，就無法捲成漂亮的圓柱形。

● 整型成one loaf

1 麵團輕輕地對折，將麵團接口朝上放置，捏合麵團邊緣。

2 用擀麵棍擀壓，確實地排出氣體，擀壓成均勻厚度。由麵團中央朝外側擀壓，接著再由中央朝自己擀壓。

3 接口處朝上地放置，由外側朝中央折疊⅓，用手掌按壓使其貼合。同樣地由自己朝中央折疊⅓並按壓。

4 由外側朝中央對折，邊用手掌根部按壓麵團邊緣，以確實閉合接口處。

● 圓形麵團擀壓成四方形

1 麵團中央⅓處用擀麵棍輕輕地擀壓。

2 麵團轉動90度，同樣地在中央⅓處用擀麵棍輕輕地擀壓。如此麵團中央就有十字的擀壓形狀。

3 在擀麵棍沒有擀壓處，從中央朝邊緣斜向45度方向擀壓出角度。

4 其餘三邊也與3同樣擀壓出角度，就成了四方形。

利用布巾做出凹槽

　　直接烘焙的麵包，整型成棒狀進行最後發酵時，會將布巾墊放在板子上，用布巾做出凹槽以隔開麵團地排放在布巾上。藉由這樣的凹槽間隔，使麵團左右受到支撐地保持其形狀，也可以避免麵團間的沾黏。

● 布巾凹槽的製作方法

1 在板子上舖放布巾，邊緣做出皺摺。

2 在1的皺摺間放置麵團，預留間隙地再次疊出皺摺。重覆並擺入麵團。

3 由另一個角度看到的2的形狀。麵團兩側適度留下間隙正是重點。

8. 最後發酵

為使整型後緊實的麵團在烘焙時能烘烤出膨脹的體積，因此適度地鬆弛麵團，使其發酵成為風味更好的麵包的步驟。與攪拌後的發酵不同，會因麵包而有不同的最適溫度。

基本上，軟質系列鬆軟口感的麵包，必須用略高的溫度發酵，重視發酵風味的LEAN類（低糖油配方）麵包，則是以低溫發酵。

9. 烘焙

完成最後發酵的麵團放入烤箱烘焙的作業。麵團加熱時，因麵團內的氣泡會膨脹起來，所以體積也會隨之膨脹。之後麵團表面皮膜化而形成表層外皮，內部的海綿化則成為柔軟內側。

移至滑送帶（slip belt）

烘焙前進行的作業（劃切割紋、刷塗蛋液等），是在放置於烤盤上完成最後發酵的狀態下進行，但在布巾上進行最後發酵時，則是在移至滑送帶（slip belt）時進行。移動時，長棍狀的麵團會利用取板來移動至滑送帶上。

● 取板的使用方式

 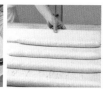

1 拉開麵團兩側的布巾間隔，取板放置在麵團側邊。

2 利用取板與拉起另一側的布巾，使麵團接口處朝上地翻轉至取板上。

3 再次翻轉麵團使接口處朝下，放置於滑送帶（slip belt）上。

劃切割紋

利用割紋刀或小刀等在麵團表面劃切（割紋），可以使麵團均勻膨脹，又能成為麵包表面的紋路。基本上，像是要片切下表層般地迅速地劃切。若是想要割劃出格子或十字等圖案時，刀刃必須與麵團垂直地劃切。

● 割紋刀或小刀的拿法

用姆指、食指、中指輕輕握住割紋刀的刀柄　　握住小刀的刀柄中央處

● 割紋的劃切方法
＜片切表皮般劃切＞

1 刀刃斜傾，彷彿薄薄地片切下表皮般地劃入。

2 割紋的部分浮出般，完成烘烤。

＜垂直地劃切＞

1 刀刃直立，與麵團呈垂直般地劃切。

2 劃切的部分攤開般地完成烘烤。

刷塗蛋液

刷塗蛋液,在烘焙時會有雞蛋的呈色,也可以增加麵包表面的光澤。此外,在烤箱的熱度下,可以延遲麵團表面的乾燥、凝固,使得麵包得以更加膨脹。

● 雞蛋的刷塗方法

1 用姆指、食指、中指輕輕握住刷柄根部。刷子蘸上充分的蛋液,利用杯緣等刮落多餘的蛋液。

2 放輕手腕的力量,刷毛傾斜地輕輕往返,均勻刷塗在麵團表面。

＊沒有傾斜刷毛,以刷毛直接刷塗時,可能會造成麵團的下陷或萎縮。
＊刷塗的蛋液過多時,部分表面聚積了多餘的蛋液,可能會造成烘焙時的烤焙不均,或滴落至烤盤上造成麵包的沾黏等。
＊刷塗的蛋液過少時,可能會有光澤不足、烘焙出的色澤不明顯或是體積不夠膨脹等狀況。

放入蒸氣

烘焙時使用蒸氣,可以延緩因烤箱熱氣而乾燥凝固的表面,使麵包能烘焙出膨脹的體積,也能使表面具有光澤。

冷卻烘烤完成的麵包

由烤箱取出的麵包,放置在冷卻架上,在常溫中冷卻。

10. 麵包製作的基礎知識

手粉

麵團的沾黏,會沾黏在手上和工作檯上,進而造成麵團表面粗糙,有礙於作業,為防止這種狀況所使用的粉類稱為手粉。在本書的配方中,雖然沒有特別註記,但請視必要狀況使用。

● 作為手粉的粉類

基本上會使用鬆散可以薄薄推開的高筋麵粉,但有時也會使用與麵團相同的粉類。

● 使用手粉的時間點

作業中,麵團會沾黏至手上或工作檯時,隨時可以使用。

● 使用手粉需注意

使用手粉時,與材料無關的粉類也會因而進入麵團中,因此使用上以最低必要量為原則。在壓平排氣或整型時,使用過多的手粉,可能會導致麵團容易乾燥。此外,在烘烤完成時若仍有殘留,則會導致表面失去光澤。

麵團的「平順光滑面」

在進行作業時,請隨時意識到以麵團的「平順光滑面」為烘焙表面地進行作業。所謂的「平順光滑面」,指的是攪拌後發酵時朝上的表面,或是分割後滾圓時的表面。

放置麵團的布巾

麵團放置在布巾上,可以防止麵團沾黏在工作檯上,也可以防止麵團表面乾裂或變形。此外,在壓平排氣時也可以不需使用手粉。請選擇帆布或麻布等,表面沒有纖維的材質。

3

硬質系列的麵包

法國長棍麵包
Baguette

所謂的 Baguette 就是棍棒的意思，是傳統法國麵包的代表，也是長期以來最受法國人喜愛、最廣為人知的餐食麵包。

特徵在於馨香的表層外皮，和潤澤的柔軟內側絕妙的平衡滋味。

在此介紹能夠直接展現小麥風味，自我分解的直接法。

製法 直接法（自我分解法）

材料 3kg用量（18個）

	配方（%）	分量（g）
法國麵包用粉	100.0	3000
鹽	2.0	60
即溶酵母	0.4	12
麥芽糖精	0.3	9
水	70.0	2100
合計	172.7	5181

攪拌	螺旋式攪拌機 1速3分鐘 自我分解20分鐘 1速5分鐘 2速2分鐘 揉和完成溫度24℃
發酵	180分（90分鐘時壓平排氣） 26～28℃ 75%
分割	280g
中間發酵	30分鐘
整型	棒狀（50cm）
最後發酵	70分鐘 32℃ 70%
烘焙	劃切割紋 23分鐘 上火240℃ 下火220℃ 蒸氣

法國長棍麵包剖面

充分烘焙過的表層外皮馨香爽脆。柔軟內側可以看出混有各種大小的氣泡，口感潤澤，氣泡膜薄且略帶有泛黃的光澤。

攪拌

1 將法國麵包用粉、溶解了麥芽糖精的水，放入攪拌缽盆中，以1速攪拌3分鐘。

＊材料全部混拌時，自我分解法就開始了。麵團連結較弱，慢慢地拉開時，麵團無法延展地被扯斷。

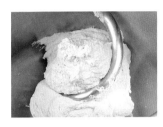

2 覆蓋塑膠袋，靜置20分鐘。

＊請注意避免麵團乾燥。

3 靜置20分鐘後的狀態。

＊相較於靜置前，麵團整體呈現鬆弛狀態。

4 取部分麵團延展開來，確認麵團狀態。

＊麵團連結變強，因此可以拉出薄膜了。

5 將即溶酵母撒在全體麵團上，再用1速攪拌。待酵母混拌後，持續攪拌狀態下加入鹽。

＊酵母直接與鹽分接觸時，會導致發酵力低落，所以先將酵母與麵團混拌後再加入鹽。

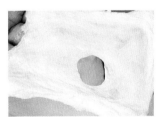

6 攪拌5分鐘後，取部分麵團確認其延展狀態。

＊雖然尚未完全均勻，但已經可以延展成薄膜狀了。

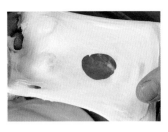

7　以2速攪拌2分鐘，確認麵團狀態。

＊雖然仍有部分尚未均勻，但已呈光滑狀態，延展狀況較6佳。

＊相較於以發酵種法（→P.56）製作，發酵時間較長，因此以較短時間完成攪拌。但若是攪拌不足，麵團的抗張力太弱，完成時的麵包可能會有體積不足的狀況。

8　使表面緊實地整合麵團，放入發酵箱內。

＊揉和完成的溫度目標為24℃。

發酵

9　在溫度26～28℃、濕度75%的發酵室內，使其發酵90分鐘。

＊膨脹力較弱，表面沾黏。

壓平排氣

10　從左右朝中央折疊"輕輕的壓平排氣"（→P.40），再放回發酵箱內。

＊麵團膨脹能力較弱，因此為避免過度排氣地輕輕進行壓平排氣。

發酵

11　放回相同條件的發酵室內，再繼續發酵90分鐘。

＊充分膨脹，表面已經不再沾黏了。

分割・滾圓

12　將麵團取出至工作檯上，分切成280g。

13　折疊麵團，整合成棒狀。

＊因為是膨脹能力較弱的麵團，必須注意避免用力過度。使麵團表面略呈緊實狀，以手指按壓時會留下痕跡。

整合前　　　整合後

14　整齊排放在舖有布巾的板子上。

中間發酵

15　放置於與發酵時相同條件的發酵室內靜置30分鐘。

＊充分靜置麵團至緊縮的彈力消失為止。

整型

16　用手掌按壓麵團，排出氣體。

17　平順光滑面朝下，由外側朝中央折入⅓，以手掌根部按壓折疊的麵團邊緣使其貼合。

18　麵團轉動180度，同樣地折疊⅓使其貼合。

19 由外側朝內對折，並確實按壓麵團邊緣使其閉合。

20 邊由上輕輕按壓，邊轉動麵團使其成為50cm的棒狀。

＊前後滾動使其朝兩端延長。長度不足時可以重覆這個動作，但儘量減少作業次數為佳。沒有進行充分的中間發酵時，麵團不易延展且過度勉強作業時，會造成麵團的斷裂。

21 在板子上舖放布巾，一邊以布巾做出間隔，一邊將接口處朝下地排放麵團。

＊接口處若不是直線時，烘焙完成也可能會產生彎曲。
＊布巾與麵團間隔，約需留下1指寬的間隙。

22 最後發酵前的麵團。

最後發酵

23 溫度32℃、濕度70%的發酵室內，使其發酵70分鐘。

＊使其發酵至麵團充分地鬆弛為止。可以留下手指按壓的痕跡。

烘焙

24 利用取板將麵團移至滑送帶（slip belt）。

25 劃切5道割紋。

26 以上火240℃、下火220℃的烤箱，放入蒸氣，烘烤23分鐘。

＊因應想要的完成狀態，酌量增減蒸氣。

割紋的割劃方式

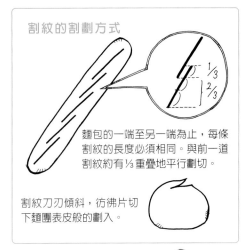

麵包的一端至另一端為止，每條割紋的長度必須相同。與前一道割紋約有⅓重疊地平行劃切。

割紋刀刃傾斜，彷彿片切下麵團表皮般的劃入。

麥穗麵包的整型

Épi在法文中是「麥穗」的意思。

A   B

A 完成最後發酵的麵團移至滑送帶（slip belt）上，用剪刀以傾斜45度的角度剪切麵團。

＊切口過淺則麵團無法打開，因此約像是剪開麵團般地插入剪刀。

B 剪開的部分以左右交錯的方式向兩邊推開。

小法國麵包
Petits pains

所謂小法國麵包是所有小型法國麵包的總稱，即使在傳統法國麵包當中，
種類與形狀也相當多樣而各異。
一般來說，與其說是家庭用，不如說大部分是在餐廳連同料理一起端上桌，
柔軟內側的部分較多，適合蘸飽湯汁來享用。

製法	直接法（自我分解法）
材料	3kg用量（4種×16個）

與法國長棍麵包相同。請參照P.49的材料表

攪拌～發酵	與法國長棍麵包相同 請參照P.49的製程表
分割	75g
	蘑菇麵包上部用：8g
中間發酵	25分鐘
整型	橄欖形麵包、煙盒麵包、 雙胞胎麵包、蘑菇麵包
最後發酵	60分鐘　32℃　70%
烘焙	橄欖形麵包：劃切割紋 23分鐘 上火240℃　下火220℃ 蒸氣

左上起順時針為雙胞胎麵包（Fendu）、橄欖形麵包（Coupé）、
蘑菇麵包（Champignon）、煙盒麵包（Tabatière）

雙胞胎麵包 Fendu

橄欖形麵包 Coupé

煙盒麵包 Tabatière

蘑菇麵包 Champignon

小法國麵包的剖面

表層外皮與柔軟內側的均衡非常重要，因此
體積也有一定的要求。一旦體積變大，表層
外皮會變薄且口感香脆。柔軟內側與長棍麵
包等棒狀麵包相較之下，圓小的氣泡較多且
均勻，所以吸水力較佳，口感也較好。

攪拌～發酵

1 與法國長棍麵包的製作方法 1～11（→P.49）相同。

分割‧滾圓

2 將麵團取出至工作檯，分切成75g和8g。

滾圓前　　滾圓後

3 輕輕滾圓麵團。

4 排放在鋪有布巾的板子上。

中間發酵

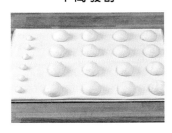

5 與發酵時相同條件（溫度 26～28℃、濕度75%）地放置於發酵室靜置25分鐘。

＊充分靜置麵團至緊縮的彈力消失為止。

整型─橄欖形麵包

6 用手掌按壓排出氣體。

7 平順光滑面朝下，由外側折入，按壓邊緣使其貼合。

8 將兩側邊緣向內折入。

9 按壓折入的麵團邊緣使其貼合。

10 由外側向內對折，再以手掌根部按壓麵團邊緣閉合接口處。

11 一邊從上方輕輕按壓，一邊滾動麵團以整合形狀。

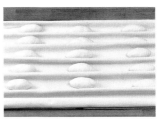

12 將布巾鋪放在板子上，邊做出間隔邊將接口處朝下地排放麵團。

＊布巾與麵團間隔，約需留下1指寬的間隙。

整型 — 煙盒麵包、雙胞胎麵包、蘑菇麵包下半部

13　用手掌按壓麵團排出氣體，確實地進行滾圓作業。捏合底部使其閉合，接口處朝下地排放在舖有布巾的板子上。

＊表面出現較大氣泡時，避免破壞麵團地，可以輕輕拍掉氣泡。

整型 — 蘑菇麵包上端

14　用擀麵棍將8g麵團薄薄擀壓。排放在舖有布巾的板子上，覆蓋上塑膠袋放置於室溫中。

＊與13滾圓的下半部麵團直徑相同即可。

最後發酵

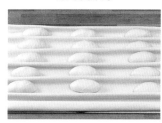

15　全部種類都相同：12與13放置於溫度32℃、濕度70%的發酵室內，使其發酵60分鐘。煙盒麵包、雙胞胎麵包、蘑菇麵包在過程中會進行最後的整型作業。

＊照片中的橄欖形麵包是完成最後發酵的狀態。使其發酵至麵團充分地鬆弛為止。用手指按壓時會殘留痕跡的程度。

16　煙盒麵包❶：使其發酵10分鐘後，用擀麵棍由自己⅓處往前擀壓成薄平狀。

＊滾圓時緊實的麵團稍稍鬆弛後進行擀壓。

＊擀壓至未擀壓的部分折疊進來時，不會超過即可。

17　煙盒麵包❷：擀壓部分撒上手粉，由外側向內折疊。

＊撒上手粉，是為了使擀壓過的部分能適度剝離，烘烤時才能形成漂亮的形狀。

18　煙盒麵包❸：擀壓的部分朝下地，排放在舖好布巾的板子上。

19　煙盒麵包❹：放回相同條件的發酵室內，再繼續發酵50分鐘。

20　雙胞胎麵包❶：使其發酵10分鐘後，用擀麵棍在麵團中央處，擀壓成薄平狀。

＊為使中央紋路清晰地，儘可能擀壓成薄平狀態。

21　雙胞胎麵包❷：將未擀壓的兩端向中間擠壓。

22　雙胞胎麵包❸：在板子上舖放布巾，邊用布巾做出間隔，邊將麵團反面並排。

＊布巾與麵團間隔，約需留下1指寬的間隙。

23　雙胞胎麵包❹：放回相同條件的發酵室內，再繼續發酵50分鐘。

24　蘑菇麵包❶：使其發酵20分鐘後，在14的麵團單面撒上手粉，撒粉的那一面朝下地擺放在下部麵團上。用食指由中央按壓至手指觸抵至工作檯使麵團貼合。

＊若麵團沒有充分鬆弛，會造成麵團的剝落，完成的形狀也會變差。

25 蘑菇麵包❷：反面排放在舖有布巾的板子上。

烘焙

27 移至滑送帶(slip belt)上，在橄欖形麵包上劃切出割紋。

＊除了橄欖形麵包之外，其餘麵包都是以反面排放在滑送帶(slip belt)上送入烤箱。

26 蘑菇麵包❸：放回相同條件的發酵室內，再繼續發酵40分鐘。

28 以上火240℃、下火220℃的烤箱，放入蒸氣，烘烤23分鐘。

法國的標準長棍麵包

在法國，提到長棍麵包一般指的是約350g麵團烘烤出長約不到70cm的棒狀麵包，約有7條割紋。本書當中，因考量到作業效率以及烤箱等設備的容量，介紹的長棍麵包是麵團重量280g、長50cm、5條割紋的小型長棍麵包。

在法國標準的法國長棍麵包

本書的法國長棍麵包

即使同樣是棒狀，因麵團的重量及長度不同，名稱也隨之改變。圓形法國麵包（Boule）也有小型的。

圓形法國麵包（Boule）

左起 / Deuxlivres、parisien、baguette、bâtard、ficelle

各式各樣傳統法國麵包

即使是同樣的麵團，也會因其形狀及大小而有不同的名稱。下表是以本書所介紹的麵包為主加以表列。

	名 稱	意 思	標準的麵團重量	標準長度割紋數
棒狀	deux livres	1kg（livre是500g的意思）	1000g	55cm／3條
	parisien	巴黎人	650g	68cm／5條
	baguette	細長棒子、杖	350g	68cm／7條
	bâtard	中間的	350g	40cm／3條
	ficelle	線	150g	40cm／5條
	épi	麥穗	350g	68cm／－
大型	boule	圓球	350g（也有小型的）	－
小型	coupé	被切開的	50g（也有略大型的）	－／1條
	tabatière	鼻煙盒	50g	－
	fendu	割開的	50g	－
	champignon	蘑菇	50g	－

以發酵種法製作的傳統法國麵包

傳統法國麵包的製作方法，直接法是最一般的製作方法，但當天要完成全部的製作工序所需時間過長是其缺點。例如，想在早上10點左右擺放剛出爐的麵包，預備作業大約必須從早上5點左右開始，對大部分的麵包店而言，這就是煩惱之處。因此，為了改善這個問題，同時也為了提升麵包品質，而開發了各式各樣的製作方法。其中之一就是發酵種法。在此介紹以冷藏液種和麵種，2種發酵種法製作的麵團。

使用冷藏液種的麵團

材料　　3kg用量	配方(%)	分量(g)
● 液種		
法國麵包用粉	30.0	900
鹽	0.2	6
即溶酵母	0.1	3
水	30.0	900
● 正式麵團		
法國麵包用粉	70.0	2100
鹽	1.8	54
即溶酵母	0.3	9
麥芽糖精	0.3	9
水	40.0	1200
合計	172.7	5181

液種攪拌	以木杓混拌 揉和完成溫度25℃
發酵	3小時　28～30℃　75%
冷藏發酵	18小時(±3小時)　5℃
正式麵團攪拌	螺旋式攪拌機 1速5分鐘　2速4分鐘 揉和完成溫度26℃
發酵	90分(30分鐘時壓平排氣) 28～30℃　75%

液種攪拌

1 將液種材料放入缽盆內，用木杓混拌(A)。
＊確實混拌至粉類完全消失。拉起木杓時會產生黏性，即為完成。

2 發酵前的麵團(B)。
＊揉和完成的溫度目標為25℃。

發酵

3 在溫度28～30℃、濕度75%的發酵室內，使其發酵3小時(C)。

冷藏發酵

4 連同缽盆裝進塑膠袋內，放入溫度5℃的冷藏庫使其發酵18小時(D)。

＊看缽盆邊緣處即可知，當麵團膨脹至最大程度後，略有沉陷使得表面較低。

＊發酵時間基本為18小時，可以在15～20小時間進行調整。

正式麵團攪拌

5 正式麵團的材料與4的液種一起放入攪拌缽盆內，用1速攪拌5分鐘。取部分麵團拉開延展以確認狀態(E)。

＊不均勻，即使拉扯也無法平滑地延展。

6 以2速攪拌4分鐘，確認麵團狀態(F)。

＊已完全均勻，可以薄薄地延展了。

＊因麵團發酵時間較直接法短，所以攪拌時的力量會略強。

7 使表面緊實地整合麵團，放入發酵箱(G)。

＊揉和完成的溫度目標為26℃。

發酵

8 在溫度28～30℃、濕度75%的發酵室內，使其發酵30分鐘。

＊膨脹力較弱，表面沾黏。

壓平排氣

9 從左右朝中央折疊"輕輕的壓平排氣"(→P.40)，再放回發酵箱內。

＊麵團膨脹能力較弱，因此避免過度排氣地輕輕進行壓平排氣。

發酵

10 放回相同條件的發酵室內，再繼續發酵60分鐘(H)。

使用麵種的麵團

材料　3kg用量	配方(%)	分量(g)
● 液種		
法國麵包用粉	25.000	750.00
鹽	0.500	15.00
即溶酵母	0.125	3.75
水	17.000	510.00
● 正式麵團		
法國麵包用粉	75.000	2250.00
鹽	1.500	45.00
即溶酵母	0.300	9.00
麥芽糖精	0.300	9.00
水	52.000	1560.00
合計	171.725	5151.75

麵種攪拌	直立式攪拌機 1速3分鐘　2速2分鐘 揉和完成溫度25℃
發酵	60分鐘　28～30℃　75%
冷藏發酵	18小時(±3小時)　5℃
正式麵團攪拌	螺旋式攪拌機 1速5分鐘　2速4分鐘 揉和完成溫度26℃
發酵	90分(40分鐘時壓平排氣) 28～30℃　75%

麵種攪拌

1　將液種材料放入攪拌缽盆內，用1速攪拌3分鐘。

＊材料全體大致混拌即可。麵團連結較弱，慢慢地拉開時，麵團無法延展地被扯斷。

2　以2速攪拌2分鐘(A)。

＊材料均勻混拌即可。雖略有彈力產生，但不易延展，還不是滑順狀態。

3　使表面緊實地整合麵團，再放入發酵箱內(B)。

＊揉和完成的溫度目標為25℃。

發酵

4　在溫度28～30℃、濕度75%的發酵室內，使其發酵60分鐘(C)。

冷藏發酵

5　裝進塑膠袋內，放入溫度5℃的冷藏庫使其發酵18小時(D)。

＊充分地膨脹。

＊發酵時間基本為18小時，可以在15～20小時間進行調整。

正式麵團攪拌

6　正式麵團的材料與5的麵種一起放入攪拌缽盆內，用1速攪拌5分鐘。取部分麵團拉開延展以確認狀態(E)。

＊雖然材料大致混拌，但麵團尚未連結。

7　以2速攪拌4分鐘，確認麵團狀態(F)。

＊已完全均勻，可以薄薄地延展了。

＊因麵團發酵時間較直接法短，所以攪拌時的力量會略強。

8　使表面緊實地整合麵團，放入發酵箱(G)。

＊揉和完成的溫度目標為26℃。

發酵

9　在溫度28～30℃、濕度75%的發酵室內，使其發酵40分鐘。

＊膨脹力較弱，表面沾黏。

壓平排氣

10　從左右朝中央折疊 " 輕輕的壓平排氣 "（→P.40），再放回發酵箱內。

＊麵團膨脹能力較弱，因此為避免過度排氣地輕輕進行壓平排氣。

發酵

11　放回相同條件的發酵室內，再繼續發酵50分鐘。(H)

A

B

C

D

E

F

G

H

法國麵包的小常識

傳統法國麵包（Pain traditionnel）*是法國最具代表性的餐食麵包，在日本總稱為〝法國麵包〞。早餐與咖啡歐蕾一起享用，午餐則是夾入了火腿和起司的三明治，晚餐則是搭配料理一起食用，一年365天都出現在餐桌上，不愧是與法國人飲食生活最密切相關的麵包。即使在法國也很少會用Pain traditionnel的名稱，因為麵包會依其形狀及大小而各有不同稱呼，通常會使用慣用的名稱（→ P.55）。

傳統法國麵包基本上僅以麵粉、鹽、酵母和水來製作，屬於最LEAN類（低糖油配方）的麵包，但其豐富的芳香氣味，香脆的表層外皮與潤澤的柔軟內側，形成了絕妙的美好滋味。以最少的材料引發其最大程度的美妙風味，簡單又纖細的美味麵包，無怪乎法國人以「法國麵包是麵包之王」而自傲。

傳統法國麵包的製作方法有直接法和使用levain mixte或液種的發酵種法（詳述如右）。依時代不同，主流的麵包製作方法也隨之改變，現在法國的麵包店（boulangerie）曾經一度捨棄的直接法，再次受到大家的矚目。其中自我分解法（2階段攪拌）、攪拌過程中添加水分的製作方法（bassinage）似乎也很風行。在大型量產店內，前一天先預備好麵種或液種，以縮短當天麵包製作時間的發酵種法，最為常見。

直接法

● 自我分解法（Autolyse）

僅以麵粉、水、麥芽糖精攪拌數分鐘，在攪拌缽盆中靜置20～30分鐘後，再依序添加酵母、鹽，並再次進行攪拌的2階段攪拌法。Autolyse是自我分解的意思。在攪拌過程中靜置麵團，鬆弛緊縮的麵筋組織，其目的在改善麵團延展性。使其成為柔軟的麵團，有助於整型作業，也益於最後提升麵包的體積。

● Bassinage

所謂的Bassinage，就是濕潤麵團的意思。在形成麵筋組織的攪拌作業完成時，再次添加水分後完成麵團。使麵團表面保持濕潤，可以防止發酵時麵團因氧化而導致表面乾燥，藉著增加麵團中的遊離水，而使麵團可以更加柔軟。Bassinage的添加水分是配方外的水分，此時必須視麵團狀況來判斷添加。

發酵種法

● 液種

傳統法國麵包使用的標準液種，是用等量比例的麵粉和水，添加少量酵母混拌而成具黏性的麵團，使其發酵完成的。在低溫下長時間發酵時熟成，成為含無數氣泡的黏糊狀，將其添加至正式麵團時，會增加柔軟性並使品質安定，同時也能強化發酵能力。此外，大量發酵生成物也能帶出其特有的香氣，提升麵包的風味。

● 麵種

原本只是前一天剩餘的麵團，第二天加入相同麵團中攪拌。也可以說是老麵法的一種。麵種多出的發酵、熟成，能強化發酵能力及發酵生成物，將其添加至正式麵團時，可以促進發酵，也能提升麵團的延展和風味。長時間發酵可以使黏糊且柔軟的麵團熟成。不使用現有餘留下來的麵團，而特地製作出的麵種，在法國大多使用levain mixte（→ P.29）

＊正式名稱為傳統法國麵包pain traditionnel française。

不同製作方法的剖面比較

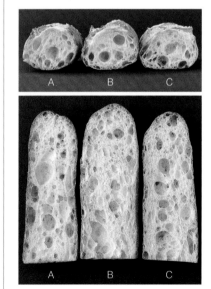

A：直接法
麵包體積是3種製作方法中最小的，剖面接近圓形。表層外皮最厚，柔軟內側混合存在著扁平橢圓形的大小氣泡。

B：使用冷藏液種的發酵種法
麵包體積是3種製作方法中最大的，剖面接近扁平橢圓形。表層外皮最薄，柔軟內側的氣泡大且多，形狀近似圓形。

C：使用麵種的發酵種法
麵包體積在3種製作方法中較近似冷藏液種，剖面接近半圓形。表層外皮略厚，柔軟內側與冷藏液種近似。氣泡形狀呈扁平橢圓形。

法國鄉村麵包
Pain de campagne

以「鄉村麵包」為名的麵包，
是繼傳統法國麵包之後另一款法國餐食麵包的代表。
厚實芳香的表層外皮，與潤澤具嚼感的柔軟內側是其特徵。
相對於傳統法國麵包使用麵粉來製作，
這款麵包多半使用裸麥配方的麵團，
約烘烤1小時以上的大型麵包居多。

製法 發酵種法（（levain mixte）

材料 2kg用量（圓形2個＋馬蹄形4個）

	配方(%)	分量(g)
● levain mixte		
法國麵包用粉	100.0	2000
發酵麵團 *	6.0	120
鹽	2.0	40
水	62.0	1240
合計	**170.0**	**3400**

	配方(%)	分量(g)
● 正式麵團		
法國麵包用粉	85.0	1700
裸麥粉	15.0	300
levain mixte	170.0	3400
鹽	2.0	40
即溶酵母	0.4	8
麥芽糖精	0.3	6
水	78.0	1560
合計	**350.7**	**7014**

法國麵包用粉

＊LEAN類(低糖油配方)麵團使其發酵4～5小時。本書使用的是傳統法國麵包麵團(→P.48)。

levain mixte的攪拌	直立式攪拌機
	1速3分鐘 2速2分鐘
	揉和完成溫度25℃
發酵	18小時(±3小時)
	22～25℃ 75%
正式麵團攪拌	螺旋式攪拌機
	1速5分鐘 2速3分鐘
	揉和完成溫度26℃
發酵	130分(65分鐘時壓平排氣)
	28～30℃ 75%
分割	圓形：1200g
	馬蹄形：800g
中間發酵	20分鐘
整型	圓形 馬蹄形
最後發酵	圓形：70分鐘 32℃ 70%
	馬蹄形：60分鐘 32℃ 70%
烘焙	劃切割紋
	圓形：35分鐘
	上火240℃ 下火230℃
	馬蹄形：30分鐘
	上火235℃ 下火225℃
	蒸氣

預備作業

• 布面發酵藍(圓形：口徑36cm、馬蹄形：口徑39cm) 撒上法國麵包用粉。

levain mixte 的攪拌

1 levain mixte 的材料放入攪拌缽盆內，以1速攪拌。

7 攪拌5分鐘時，取部分麵團拉開延展以確認狀態。

＊雖然材料大致混拌，但麵團連結較弱，慢慢地拉開時，麵團無法延展地被扯斷。

2 攪拌3分鐘左右。

＊麵團連結較弱，慢慢地拉開時，麵團無法延展地被扯斷。

8 以2速攪拌3分鐘，確認麵團狀態。

＊因發酵時間較長，所以攪拌時間稍短地完成，攪拌不足時，麵團的抗張力較差，容易導致完成時的體積不足。

3 以2速攪拌2分鐘。

＊材料均勻混合，可以整合成團即可。因為是較硬的麵團，不易延展。

9 使表面緊實地整合麵團，放入發酵箱。

＊揉和完成的溫度目標為26℃。

4 使表面緊實地整合麵團，放入發酵箱內。

＊麵團較硬，因此在工作檯上按壓整合成圓形。
＊揉和完成的溫度目標為25℃。

發 酵

10 在溫度28～30℃、濕度75%的發酵室內，使其發酵65分鐘。

＊膨脹力較弱，表面沾黏。

發 酵

5 在溫度22～25℃、濕度75%的發酵室內，使其發酵18小時。

＊確認麵團充分膨脹。
＊發酵時間基本為18小時，可以在15～21小時間進行調整。

壓 平 排 氣

11 從左右朝中央折疊"輕輕的壓平排氣"(→P.40)，再放回發酵箱內。

＊麵團膨脹能力較弱，因此為避免過度排氣地輕輕進行壓平排氣。

正 式 麵 團 攪 拌

6 將正式麵團材料放入攪拌缽盆內，以1速攪拌。

發 酵

12 放回相同條件的發酵室內，再繼續發酵65分鐘。

＊沾黏的情況幾乎消失，手指按壓痕跡得以殘留地充分膨脹。

分割・滾圓

13 將麵團取出至工作檯上，分切成1200g和800g。

14 圓形❶：1200g的麵團用兩手輕輕滾圓。

＊因為是膨脹能力較弱的麵團，必須注意避免用力過度。使麵團表面略呈緊實狀，以手指按壓時會留下痕跡的程度。

滾圓前　滾圓後

15 圓形❷：排放在舖有布巾的板子上。

16 馬蹄形❶：折疊800g的麵團，整合成短棒狀。

＊因為是膨脹能力較弱的麵團，必須注意避免用力過度。使麵團表面略呈緊實狀，以手指按壓時會留下痕跡的程度。

整合前　整合後

17 馬蹄形❷：排放在舖有布巾的板子上。

中間發酵

18 圓形：將15放入與發酵時相同條件的發酵室靜置20分鐘。

＊充分靜置麵團至緊縮的彈力消失為止。

19 馬蹄形：將17放入與發酵時相同條件的發酵室靜置20分鐘

＊充分靜置麵團至緊縮的彈力消失為止。

整型

20 圓形❶：用手掌按壓麵團，排出氣體。

21 圓形❷：平順光滑面為表面地滾動使其成為圓形。

＊注意避免麵團表面粗糙乾裂。
＊因為是膨脹力較弱的麵團，因此整型時的力道過強時，會導致最後發酵時不易膨脹。

22 圓形❸：捏合底部，接口處朝上地放入發酵籃內。

23 馬蹄形❶：用手掌按壓麵團，排出氣體。

24 馬蹄形❷：平順光滑面朝下，由外側朝中央折入⅓，以手掌根部按壓折疊的麵團邊緣使其貼合。麵團轉動180度，同樣地折疊⅓使其貼合。

25 馬蹄形❸：由外側朝內對折，並確實按壓麵團邊緣使其閉合。

26 馬蹄形❹：一邊由上往下輕輕按壓，一邊滾動麵團使其成為55cm的棒狀。

＊前後滾動使其朝兩端延長。長度不足時可以重覆這個動作，但儘量減少作業次數為佳。
＊沒有進行充分的中間發酵時，麵團不易延展。過度勉強作業會造成麵團的斷裂。

接口處

27 馬蹄形❺：接口處朝上地放入布面發酵籃內。

＊使接口處呈現在麵團中央。

最後發酵

28 圓形：在溫度32℃、濕度70%的布面發酵室內，使其發酵70分鐘。

＊溫度過高時，麵團會沾黏在布面發酵籃上不易取出。

29 馬蹄形：溫度32℃、濕度70%的布面發酵室內，使其發酵60分鐘。

＊溫度過高時，麵團會沾黏在布面發酵籃上不易取出。

烘焙

30 圓形❶：倒扣布面發酵籃將麵團移至滑送帶(slip belt)上，劃切出格子狀割紋。

＊與麵團呈垂直地劃切。

31 圓形❷：以上火240℃、下火230℃的烤箱，放入蒸氣，烘烤35分鐘。

＊因麵團較大，所以為了使麵團能增大體積，所以烘焙溫度比馬蹄形麵團略高地進行烘烤，但若烘烤色澤過度呈色時，可以在過程中降低溫度。

32 馬蹄形❶：倒扣布面發酵籃將麵團移至滑送帶(slip belt)上，劃切出5道割紋。

＊彷彿片切般地劃入割紋。

33 馬蹄形❷：以上火235℃、下火225℃的烤箱，放入蒸氣，烘烤30分鐘。

法國鄉村麵包的剖面

採取較長時間烘焙而成，因此表層外皮較厚。相較於傳統法國麵包，柔軟內側的氣泡大小均勻，因為有裸麥配方，所以略帶茶色的光澤。

裸麥麵包
Pain de seigle

裸麥（seigle）粉比例約佔2～3成，是一般最常見的配方，
但也有接近5成比例的種類。
從德國南部經亞爾薩斯進入法國，現在含有裸麥粉獨特風味及口感的餐食麵包，
已經得到大家的認同了。添加葡萄乾或核桃時，很適合佐上紅酒或起司，
是不可或缺的搭配夥伴。也可以試著添加自己喜歡的水果乾或堅果。

製法　發酵種法（levain mixte）

材料　3kg用量（原味18個）

	配方（%）	分量（g）
● levain mixte		
法國麵包用粉	100.0	1800
發酵麵團＊	6.0	108
鹽	2.0	36
水	62.0	1116
合計	170.0	3060

	配方（%）	分量（g）
● 正式麵團		
法國麵包用粉	20.0	600
裸麥粉	80.0	2400
levain mixte	100.0	3000
鹽	2.0	60
即溶酵母	0.5	15
麥芽糖精	0.3	9
水	74.0	2220
合計	276.8	8304

裸麥粉		
黑醋栗乾或核桃	45.0	1350

＊ LEAN類（低糖油配方）麵團使其發酵4～5小時。
本書使用的是傳統法國麵包麵團（→P.48）。

levain mixte 的攪拌

	直立式攪拌機
	1速3分鐘　2速2分鐘
	揉和完成溫度25℃
發酵	18小時（±3小時）
	22～25℃　75%
正式麵團攪拌	螺旋式攪拌機
	1速5分鐘　　2速1分鐘
	（黑醋栗乾、核桃　1速1分鐘～）
	揉和完成溫度26℃
發酵	50分　28～30℃　75%
分割	450g
	添加黑醋栗乾、核桃：500g
中間發酵	10分鐘
整型	棒狀（26cm）
	撒上裸麥粉、劃切割紋
最後發酵	60分鐘　32℃　70%
烘焙	35分鐘
	上火225℃　下火215℃
	蒸氣

左起添加核桃、原味、添加黑醋栗乾

levain mixte

1 請參照法國鄉村麵包的 1～5(→P.60)，製作levain mixte。

正式麵團攪拌

2 將正式麵團材料放入攪拌缽盆內，以1速攪拌。

3 攪拌5分鐘時，取部分麵團拉開延展以確認狀態。

4 以2速攪拌1分鐘，確認麵團狀態。

＊裸麥粉配方較多，因此麵團結合力較差，沾黏且柔軟。
＊添加黑醋栗乾、核桃製作時，要在這個步驟後加入，以1速混拌至全體均勻。

5 使表面緊實地整合麵團，放入發酵箱。

＊揉和完成的溫度目標為26℃。

發酵

6 在溫度28～30℃、濕度75%的發酵室內，使其發酵50分鐘。

＊仍為沾黏狀態，雖然膨脹不大，但以手指按壓時會殘留痕跡。

分割・滾圓

7 將麵團取出至工作檯上，分切成450g。

＊添加黑醋栗乾、核桃時為500g。

8 輕輕滾圓麵團。

＊因麵團沾黏，若不易滾圓時，可以使用少量手粉進行滾圓。

滾圓前　　　滾圓後

9 排放在舖有布巾的板子上。

中間發酵

10 在與發酵時相同條件的發酵室靜置10分鐘。

＊充分靜置麵團至緊縮的彈力消失為止。

整型

11 用手掌按壓麵團，排出氣體。

12 平順光滑面朝下，由外側朝中央折入⅓，以手掌根部按壓折疊的麵團邊緣使其貼合。

＊配方中含裸麥粉的麵團容易斷裂，必須緩緩地按壓。

13　麵團轉動180度，同樣地折疊⅓使其貼合。

14　由外側朝內對折，並確實按壓麵團邊緣使其閉合。

15　一邊由上輕輕按壓，一邊滾動麵團，使其成為26cm的棒狀。

16　在板子上鋪放布巾，以布巾做出間隔，將接口處朝下排放麵團，撒上裸麥粉。

＊布巾與麵團間隔，約需留下1指寬的間隙。

＊篩上粉類後放入發酵室，所以裸麥粉的量太少時，割紋圖案就會不清晰。

17　劃切割紋。

＊與麵團呈垂直地劃切。

18　最後發酵前的狀態。

最後發酵

19　在溫度32℃、濕度70%的發酵室內，使其發酵60分鐘。

＊使其發酵至麵團充分地鬆弛為止。用手指按壓時會殘留痕跡的程度。

烘焙

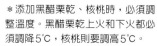

20　利用取板將麵團移至滑送帶（slip belt）上。以上火225℃、下火215℃的烤箱，放入蒸氣，烘烤35分鐘。

＊添加黑醋栗乾、核桃時，必須調整溫度。黑醋栗乾上火和下火都必須調降5℃，核桃則要調高5℃。

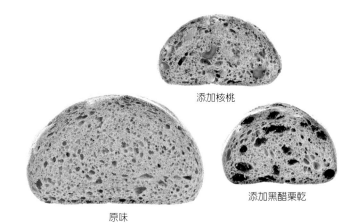

添加核桃

原味

添加黑醋栗乾

裸麥麵包的剖面

原味，從底部開始帶圓的側面朝上地膨脹起來，較厚實的表層外皮和細小且均勻的氣泡是其特徵。添加核桃、黑醋栗乾，只要某個程度均勻分散在其中即可。

農夫麵包
Pain paysan

思意為農夫的麵包，與法國鄉村麵包相同，富有地方色彩。
是一款配方中含有裸麥或全麥麵粉等，硬質系列的餐食麵包，
很適合搭配湯品或燉煮料理享用。

製法	發酵種法(levain mixte)	
材料	3kg用量(15個)	

● levain mixte	配方(%)	分量(g)
法國麵包用粉	100.0	1500
發酵麵團＊	6.0	90
鹽	2.0	30
水	62.0	930
合計	170.0	2550

● 正式麵團	配方(%)	分量(g)
法國麵包用粉	50.0	1500
全麥麵粉	25.0	750
裸麥粉	25.0	750
levain mixte	80.0	2400
鹽	2.0	60
奶油	3.0	90
即溶酵母	0.4	12
麥芽糖精	0.3	9
水	75.0	2250
合計	260.7	7821

法國麵包用粉

＊LEAN類(低糖油配方)麵團使其發酵4～5小時。
本書使用的是傳統法國麵包麵團(→P.48)。

levain mixte的攪拌	直立式攪拌機
	1速3分鐘　2速2分鐘
	揉和完成溫度25℃
發酵	18小時(±3小時)
	22～25℃　75%
正式麵團攪拌	螺旋式攪拌機
	1速5分鐘　2速5分鐘
	揉和完成溫度26℃
發酵	130分(40分鐘時壓平排氣)
	28～30℃　75%
分割	500g
中間發酵	20分鐘
整型	棒狀(40cm)
最後發酵	55分鐘　32℃　70%
烘焙	撒上法國麵包用粉、劃切割紋
	28分鐘
	上火235℃　下火225℃
	蒸氣

levain mixte

1 請參照法國鄉村麵包的 1 ～ 5（→P.60），
製作 levain mixte。

正式麵團攪拌

2 將正式麵團材料放入攪拌缽盆內，以 1 速
攪拌。

3 攪拌 5 分鐘時，取部分麵團拉開延展以確
認狀態（A）。

＊麵團連結較弱，即使慢慢地拉開也很容易扯斷麵團。

4 以 2 速攪拌 5 分鐘，確認麵團狀態（B）。

＊可以平滑地將麵團延展開了。

5 使表面緊實地整合麵團，放入發酵箱（C）。

＊揉和完成的溫度目標為 26℃。

發 酵

6 在溫度 28 ～ 30℃、濕度 75% 的發酵室
內，使其發酵 40 分鐘（D）。

＊膨脹力較弱，表面沾黏。

壓平排氣

7 從左右朝中央折疊 " 輕輕的壓平排氣 "
（→P.40），再放回發酵箱內。

＊麵團膨脹能力較弱，因此為避免過度排氣地輕輕
進行壓平排氣。

發 酵

8 放回相同條件的發酵室內，再繼續發酵 90
分鐘（E）。

＊沾黏的情況幾乎消失，手指按壓痕跡得以殘留地
充分膨脹。

分割・滾圓

9 將麵團取出至工作檯上，分切成 500g。

10 折疊麵團，整合成棒狀。

＊必須注意避免用力過度。使麵團表面略呈緊實
狀，以手指按壓時會留下痕跡。

11 排放在舖有布巾的板子上。

中間發酵

12 與發酵時相同條件的發酵室內靜置 20
分鐘。

＊充分靜置麵團至緊縮的彈力消失為止。

整 型

13 用手掌按壓麵團，排出氣體。

14 平順光滑面朝下，由外側朝中央折入 ，
以手掌根部按壓折疊麵團的邊緣使其貼合。
麵團轉動 180 度，同樣地折疊⅓使其貼合。

15 由外側朝內對折，並確實按壓麵團邊緣
使其閉合。

16 一邊由上往下輕輕按壓，一邊滾動麵
團，使其成為 40cm 的棒狀。

17 在板子上舖放布巾，以布巾做出間隔，
將接口處朝下地排放麵團（F）。

＊布巾與麵團間隔，約需留下 1 指寬的間隙。

最後發酵

18 在溫度 32℃、濕度 70% 的發酵室內，
使其發酵 55 分鐘（G）。

＊使其發酵至用手指按壓時會殘留痕跡的程度，但過
度發酵時會導致成品體積不足，所以可以略早完成。

烘 焙

19 利用取板將麵團移至滑送帶（slip belt），
撒上法國麵包用粉，劃切 3 道割紋（H）。

＊像要片切表皮般地略為切入地劃切。

20 以上火 235℃、下火 225℃的烤箱，放
入蒸氣，烘烤 28 分鐘。

農夫麵包的剖面

因為麵團揉和了裸麥粉和全麥麵粉，經過
紮實的烤焙之後，表層外皮略厚。柔軟內
側存在各式大小的氣泡。是一款氣泡密度
高且柔軟內側彈力較強的麵包。

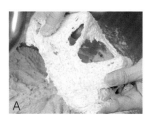
A

B

C

D

E

F

G

H

布里麵包
Pain brié

法國西北部諾曼第地方的麵包。因麵包充分受熱，
所以烘烤出表面幾條深深劃出的切紋。
表層外皮堅硬可以防止水分蒸發，所以較能久置，原是乘船時所食用的麵包。
若稱它為LEAN類（低糖油配方）麵包，其油脂成份卻稍多了一些，
這也是防止麵包變硬的方法之一。

製法 發酵種法（levain mixte）

材料 1kg用量（15個）

	配方（%）	分量（g）
● levain mixte		
法國麵包用粉	100.0	2000
發酵麵團 *	6.0	120
鹽	2.0	40
水	62.0	1240
合計	170.0	3400

	配方（%）	分量（g）
● 正式麵團		
法國麵包用粉	100.0	1000
levain mixte	340.0	3400
鹽	2.0	20
酥油	10.0	100
新鮮酵母	1.5	15
麥芽糖精	0.3	3
水	20.0	200
合計	473.8	4738

＊LEAN類（低糖油配方）麵團使其發酵4～5小
時。本書使用的是傳統法國麵包麵團（→P.48）。

levain mixte的攪拌	直立式攪拌機
	1速3分鐘　2速2分鐘
	揉和完成溫度25℃
發酵	18小時（±3小時）
	22～25℃　75%
正式麵團攪拌	螺旋式攪拌機
	1速10分鐘　2速1分鐘
	揉和完成溫度26℃
發酵	30分　28～30℃　75%
分割	300g
中間發酵	15分鐘
整型	棒狀（20cm）
最後發酵	60分鐘　32℃　70%
烘焙	劃切割紋
	22分鐘
	上火240℃　下火230℃
	蒸氣

levain mixte

1 請參照法國鄉村麵包的1～5(→P.60)，製作levain mixte。

正式麵團攪拌

2 將正式麵團材料放入攪拌缽盆內，以1速攪拌。

3 攪拌10分鐘時，取部分麵團拉開延展以確認狀態(A)。

＊麵團充分連結，雖然呈平滑狀態，但因為是較硬的麵團，所以不太能薄薄地延展。

4 以2速攪拌1分鐘，確認麵團狀態(B)。

＊狀態幾乎沒有變化，但變得更平滑。麵團幾乎整合為一了。

5 使表面緊實地整合麵團，再放入發酵箱(C)。

＊麵團較硬，因此在工作檯上按壓整合成圓形。
＊揉和完成的溫度目標為26℃。

發酵

6 在溫度28～30℃、濕度75％的發酵室內，使其發酵30分鐘(D)。

＊發酵時間短，幾乎不太膨脹。用手指按壓時會有彈力。

分割・滾圓

7 將麵團取出至工作檯上，分切成300g。

8 滾圓麵團，排放在鋪有布巾的板子上。

＊硬質麵團，因此必須用力將其滾圓。也必須注意避免麵團斷裂。

中間發酵

9 在與發酵時相同條件的發酵室，靜置15分鐘。

＊充分靜置麵團至麵團緊縮的彈力消失為止，但麵團仍是硬的。

整型

10 用手掌按壓麵團，排出氣體。

＊因為希望成品是內側細緻緊實，所以要確實進行排氣。麵團較硬，必須緩慢且強力按壓以進行整型。

11 平順光滑面朝下，由外側朝中央折入⅓，以手掌根部按壓折疊的麵團邊緣使其貼合。

12 麵團轉動180度，同樣地折疊⅓使其貼合。

13 由外側朝內對折，並確實按壓麵團邊緣使其閉合。

14 一邊由上往下輕輕按壓，一邊轉動麵團，使其成為20cm的棒狀(E)。

＊整型成兩端略細的形狀。

15 在板子上鋪放布巾，以布巾做出間隔，將接口處朝下地排放麵團(F)。

＊布巾與麵團間隔，約需留下1指寬的間隙。

最後發酵

16 在溫度32℃、濕度70％的發酵室內，使其發酵60分鐘(G)。

＊雖然有膨脹地充分發酵了，但以手指按壓時痕跡仍略有回彈。

烘焙

17 利用取板將麵團移至滑送帶(slip belt)，劃切5道割紋(H)。

＊與麵團垂直地劃切4～5mm深。
＊因為是硬質麵團，不易受熱，因此要劃切得略深。

18 以上火240℃、下火230℃的烤箱，放入蒸氣，烘烤22分鐘。

A

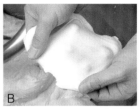

B

C

D

E

F

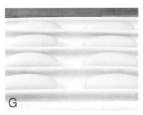

G

H

布里麵包的剖面

硬質麵團中深深劃切出割紋，因此形成凹凸分明的厚實表層外皮。柔軟內側非常紮實，排滿了圓且非常細小的氣泡，具有很強的彈力口感。

全麥麵包
Pain complet

原本僅以全麥麵粉farine complète來製作，非常潤澤的法國麵包。
在此使用全麥麵粉和法國麵包用粉幾乎等量的配方，
相較於原來的全麥麵包，更多了輕盈的口感。
使用含有大量麩皮及胚芽的全麥麵粉，富含礦物質和食物纖維，
非常典型健康取向的麵包。

製法	發酵種法（levain mixte）
材料	3kg用量（23個）

● levain mixte	配方(%)	分量(g)
法國麵包用粉	100.0	1800
發酵麵團*	6.0	108
鹽	2.0	36
水	62.0	1116
合計	170.0	3060

● 正式麵團	配方(%)	分量(g)
法國麵包用粉	20.0	600
全麥麵粉	80.0	2400
levain mixte	100.0	3000
鹽	2.0	60
酥油	3.0	90
即溶酵母	0.5	15
麥芽糖精	0.3	9
水	74.0	2220
合計	279.8	8394

＊LEAN類（低糖油配方）麵團使其發酵4～5小時。本書使用的是傳統法國麵包麵團（→P.48）。

levain mixte的攪拌	直立式攪拌機 1速3分鐘　2速2分鐘 揉和完成溫度25℃
發酵	18小時（±3小時） 22～25℃　75%
正式麵團攪拌	螺旋式攪拌機 1速6分鐘　2速3分鐘 揉和完成溫度26℃
發酵	50分　28～30℃　75%
分割	350g
中間發酵	20分鐘
整型	棒狀（25cm）
最後發酵	50分鐘　32℃　70%
烘焙	刺出孔洞 30分鐘 上火225℃　下火220℃ 蒸氣

levain mixte

1 請參照法國鄉村麵包的1～5(→P.60)，製作levain mixte。

正式麵團攪拌

2 將正式麵團材料放入攪拌缽盆內(A)，以1速攪拌。

3 攪拌6分鐘時，取部分麵團拉開延展以確認狀態(B)。

＊是全麥麵粉配方較多的麵團，因此麵團連結較弱，即使慢慢地拉開也很容易斷裂。

4 以2速攪拌3分鐘，確認麵團狀態(C)。

＊雖然可以光滑地延展了，但麵團的連結仍弱。

5 使表面緊實整合麵團，放入發酵箱(D)。

＊揉和完成的溫度目標為26℃。

發酵

6 在溫度28～30℃、濕度75%的發酵室內，使其發酵50分鐘(E)。

＊麵團雖然略呈坍軟，但充分膨脹至可殘留手指按壓痕跡的程度了。

分割‧滾圓

7 將麵團取出至工作檯上，分切成350g。

8 輕輕滾圓麵團。

＊因麵團容易斷裂，所以略為放輕力道進行滾圓。

9 排放在舖有布巾的板子上。

中間發酵

10 在與發酵時相同條件的發酵室靜置20分鐘。

＊充分靜置麵團至緊縮的彈力消失為止。

整型

11 用手掌按壓麵團，排出氣體。

12 平順光滑面朝下，由外側朝中央折入⅓，以手掌根部按壓折疊的麵團邊緣使其貼合。

＊因麵團容易斷裂，必須緩慢地進行按壓。

13 麵團轉動180度，同樣地折疊⅓使其貼合。

14 由外側朝內對折，並確實按壓麵團邊緣使其閉合。

15 一邊由上往下輕輕按壓，一邊滾動麵團，使其成為25cm的棒狀。

16 在板子上舖放布巾，以布巾做出間隔，將接口處朝下地排放麵團(F)。

＊布巾與麵團間隔，約需留下1指寬的間隙。

最後發酵

17 在溫度32℃、濕度70%的發酵室內，使其發酵50分鐘(G)。

＊使其發酵至麵團充分地鬆弛為止。以手指按壓時會殘留痕跡的程度。

烘焙

18 利用取板將麵團移至滑送帶(slip belt)上，用細棒刺出幾個孔洞(H)。

＊刺出孔洞與割紋，同樣地是為了防止烘焙過程中麵包的龜裂。

19 以上火225℃、下火220℃的烤箱，放入蒸氣，烘烤30分鐘。

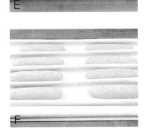

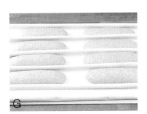

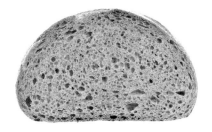

全麥麵包的剖面

在烤箱中不易延展的麵團又因其確實完成烘烤，所以麵包的體積會變小，表層外皮也會變厚。柔軟內側呈現細緻均勻，且整齊排列的氣泡，呈現著淡淡的全麥麵粉特有的茶色。

凱撒麵包
Kaisersemmel

是一款在奧地利、德國南部非常受到歡迎的小型餐食麵包。按壓出特有的花紋，烘烤得芳香四溢。
表面撒上的罌粟籽或芝麻，不僅是風味，也是視覺上變化的樂趣。
也很推薦將麵包對半剖後，夾入喜愛的食材，就能製成美味的三明治了。

製法 直接法

材料 3kg用量(87個)

	配方(%)	分量(g)
法國麵包用粉	90.0	2700
低筋麵粉	10.0	300
鹽	2.0	60
脫脂奶粉	2.0	60
奶油	3.0	90
即溶酵母	0.8	24
麥芽糖精	0.3	9
水	66.0	1980
合計	174.1	5223

裸麥粉、玉米粉、罌粟籽(白、黑)、白芝麻

攪拌	螺旋式攪拌機 1速6分鐘　2速4分鐘 揉和完成溫度26℃
發酵	90分(60分鐘時壓平排氣) 28～30℃　75%
分割	60g
中間發酵	20分鐘
整型	圓形
最後發酵	65分鐘(15分鐘時壓模、 表面裝飾) 32℃　70%
烘焙	18分鐘 上火235℃　下火215℃ 蒸氣 出爐後噴撒水霧

凱撒麵包剖面

以壓模按壓,是特意不使麵包體積過大,因此麵包剖面呈扁平狀。因為烘烤時放入大量蒸氣,所以表層外皮較薄,柔軟內側則是均勻地排列著球狀的小型氣泡。

攪拌

1　將全部材料放入攪拌缽盆中,以1速攪拌6分鐘。取部分麵團延展確認狀態。

＊麵團連結較弱,表面含有水氣呈沾黏狀態。

2　以2速攪拌4分鐘,確認麵團狀態。

＊麵團不再沾黏,可以稍薄地延展。

3　使表面緊實地整合麵團,放入發酵箱內。

＊揉和完成的溫度目標為26℃。

發酵

4　在溫度28～30℃、濕度75%的發酵室內,使其發酵60分鐘。

＊能殘留手指痕跡地充分膨脹。

壓平排氣

5　從左右朝中央折疊"較輕的壓平排氣"(→P.40),再放回發酵箱內。

＊麵包配方是近似半硬質系列的麵包。柔軟內側緊實且潤澤,所以壓平排氣的力道會比平常略強地進行。但若是過度排氣,則會造成之後的膨脹不良。

發酵

6　放回相同條件的發酵室內,再繼續發酵30分鐘。

＊能殘留手指痕跡地充分膨脹。

分割・滾圓

7 將麵團取出至工作檯上，分切成60g、滾圓。

滾圓前　　滾圓後

8 排放在舖有布巾的板子上。

中間發酵

9 放置於與發酵時相同條件的發酵室內，靜置20分鐘。
＊充分靜置麵團至緊縮的彈力消失為止。

整型

10 將麵團放在手掌上按壓麵團，排出氣體。

11 平順光滑面為表面地滾動，使麵團確實滾動成圓形。
＊充分地排出氣體，避免麵團斷裂地確實進行滾動。就能做出紮實且具潤澤口感的柔軟內側。
＊表面出現較大氣泡時，為避免破壞麵團，可輕輕敲打以消除氣泡。

12 捏合底部使其閉合。

13 接口處朝下地排放在舖有布巾的板子上。

最後發酵・壓模

14 溫度32℃、濕度70%的發酵室內，使其發酵15分鐘，混合等量的裸麥粉和玉米粉，撒在全體表面。

15 利用手掌做出凹槽，將麵團接口處朝下地擺放在手掌中，一股作氣地按下壓模，使其呈現紋路。
＊連麵團邊緣都按壓出線條。若沒有確實按壓邊緣，有可能會烘焙出中央膨脹隆起的形狀。

16 連底部都按壓出線條地確實進行按壓。

17 壓模後，若表面產生氣泡時，為避免破壞麵團，可輕輕敲打以消除氣泡。按壓出的表面朝下地排放在舖有布巾的板子上。

18 要添加表面裝飾時，麵團表面先用濕布巾濡濕。

19 在濕濕的麵團表面沾裹上罌粟籽或芝麻。沾裹面朝下地排放在舖著布巾的板子上。

20 無論是原味或是表面沾裹材料的,在擺放時都用手縮緊麵團避免切紋過度散開。

21 並排放置的狀態。

22 放回相同條件的發酵室內,再繼續發酵50分鐘。

＊能殘留手指痕跡地充分膨脹。最後發酵若不足,會使得切紋與周圍合在一起,不甚清晰。

烘焙

23 切紋形狀朝上地移至滑送帶(slip belt)上。

24 以上火235℃、下火215℃的烤箱,放入大量蒸氣,烘烤18分鐘。

＊放入大量蒸氣時,除了表面光澤也能使表層外皮變薄。

25 由烤箱取出後放置在冷卻架上,趁熱在表面噴撒水霧,在常溫下冷卻。

＊噴撒水霧更能增加表面光澤。

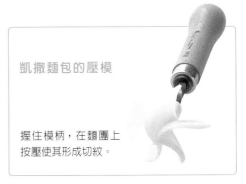

凱撒麵包的壓模

握住模柄,在麵團上按壓使其形成切紋。

美麗的凱撒麵包

凱撒麵包意為「皇帝的麵包」,追求著簡潔的美感。

5片花瓣般獨特的切紋及扁平的形狀,雖是由壓模成形,但要能清晰地留下壓模形狀,按壓的時間非常重要。滾圓後直接按壓時,在最後發酵過程中,會因麵團的膨脹而使得切紋與周圍合在一起,反而會不甚清晰。反之,若是按壓時間太晚,則按壓後無法充分地儲積氣體就進入烘焙,會烘烤出凹陷的狀態。

雖然依麵團狀態而有不同,但進行壓模的時間基本上是整型後的10～20分鐘之間。標準約是麵團變大,以指腹按壓時會輕輕陷入的時候。

德式白麵包
Weizenbrot

全德國最受歡迎，硬質系列的餐食麵包。
Weizen 是小麥、brot 是大型麵包的意思。
指的就是僅用小麥粉製作的麵包。
二次世界大戰後，德國的小麥進口量大幅增加，
就是因為這款麵包的需求量急遽攀升之故。

製法 直接法

材料 3kg 用量(14個)

	配方(%)	分量(g)
法國麵包用粉	100.0	3000
砂糖	0.5	15
鹽	2.0	60
奶油	1.0	30
即溶酵母 *	0.8	24
麥芽糖精	0.3	9
水	65.0	1950
合計	169.6	5088

＊無添加維生素C的製品。

攪拌	螺旋式攪拌機 1速4分鐘　2速5分鐘 揉和完成溫度26℃
發酵	90分(60分鐘時壓平排氣) 28～30℃　75%
分割	350g
中間發酵	20分鐘
整型	棒狀(25cm)
最後發酵	45分鐘　32℃　70%
烘焙	劃切割紋 24分鐘 上火235℃　下火215℃ 蒸氣

德式白麵包的剖面

略帶圓形的剖面是其特徵，厚度恰到好處
的表層外皮，嚼感良好、香氣十足。柔軟
內側在整型時因為仔細地進行了排氣作
業，因此形成排列均勻的細小氣泡。柔軟
內側的顏色是小麥麵包特有的，具光澤的
奶油色。

攪拌

1 將所有材料放入攪拌缽盆中，以1速攪拌4分鐘。

＊麵團尚無法成團，表面沾黏。

2 取部分麵團延展確認狀態。

＊麵團連結較弱，想要延展時就會扯斷麵團。

3 以2速攪拌5分鐘。

＊麵團整合成團。表面稍呈光滑狀，已不再沾黏了。

4 確認3的麵團狀態。

＊雖已可延展，但因為是略硬的麵團，因此無法形成很薄的薄膜。

5 使表面緊實地整合麵團，放入發酵箱內。

＊揉和完成的溫度目標為26℃。

發酵

6 在溫度28～30℃、濕度75%的發酵室內，使其發酵60分鐘。

＊已膨脹至能殘留手指痕跡的程度。

壓平排氣

7 按壓全體，從左右朝中央折疊進行〝較輕的壓平排氣〞（→P.40），再放回發酵箱內。

＊使用無添加維生素C的即溶酵母時，麵團的力量較弱，為強化其力量會稍強地進行壓平排氣。但過度排氣可能會造成後續的膨脹不佳。

發酵

8 放回相同條件的發酵室內，再繼續發酵30分鐘。

＊已膨脹至能殘留手指痕跡的程度。

分割・滾圓

9 將麵團取出至工作檯上，分切成350g。

10 輕輕滾圓麵團。

滾圓前　　　滾圓後

11 排放在舖有布巾的板子上。

中間發酵

12 放置於與發酵時相同條件的發酵室內，靜置20分鐘。

＊充分靜置麵團至緊縮的彈力消失為止。

整型

13 用手掌按壓麵團，排出氣體。

14 平順光滑面朝下，由外側朝中央折入⅓，以手掌根部按壓折疊的麵團邊緣使其貼合。

15 麵團轉動180度，同樣地折疊⅓使其貼合。

16 由外側朝內對折，並確實按壓麵團邊緣使其閉合。

＊因為是較硬的麵團，應避免麵團斷裂地仔細按壓。

17 一邊由上往下輕輕按壓，一邊滾動麵團，使其成為25cm的棒狀。

＊若想要做成較粗的製品，將大型麵團整型成較短的形狀。應注意避免過長。

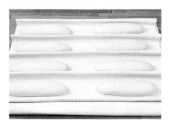

18 在板子上舖放布巾，以布巾做出間隔，將接口處朝下地排放麵團。

＊布巾與麵團間隔，約需留下1指寬的間隙。

最後發酵

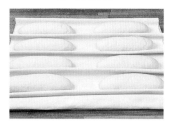

19 溫度32℃、濕度70%的發酵室內，使其發酵45分鐘。

＊因使用的是沒有添加維生素C的即溶酵母，所以麵團容易鬆弛。可以略早結束發酵。

＊因為是較硬的麵團所以容易乾燥，必須多加注意。

烘焙

20 利用取板將麵團移至滑送帶（slip belt）上，劃切5道割紋。

＊與麵團呈垂直地以刀子切劃4～5mm深。

21 以上火235℃、下火215℃的烤箱，放入大量蒸氣，烘烤24分鐘。

＊放入大量蒸氣烘烤，可以增加光澤、烘烤出較薄的表層外皮，增加體積。

瑞士麵包
Schweizerbrot

雖然名為「瑞士麵包」，但似乎與瑞士並沒有什麼關係。
一般常見的作法，裸麥粉約佔1～2成的配方，與僅以小麥製作而成的德式白麵包（Weizenbrot）並列，
是德國最具代表性的中型餐食麵包。
口感良好齒頰留香的表層外皮，與略帶濃郁風味，柔軟具彈力的柔軟內側，是最大的特徵。

製法 　直接法

材料 　3kg用量（26個）

	配方（%）	分量（g）
法國麵包用粉	85.0	2550
裸麥粉	15.0	450
鹽	2.0	60
脫脂奶粉	2.0	60
奶油	2.0	60
即溶酵母＊	0.8	24
麥芽糖精	0.3	9
水	68.0	2040
合計	175.1	5253

＊無添加維生素C的製品。

攪拌	螺旋式攪拌機 1速4分鐘　　2速4分鐘 揉和完成溫度26℃
發酵	90分（60分鐘時壓平排氣） 28～30℃　75%
分割	200g
中間發酵	20分鐘
整型	圓形
最後發酵	40分鐘　32℃　70%
烘焙	撒上裸麥粉、劃切割紋 24分鐘 上火240℃　下火220℃ 蒸氣

瑞士麵包的剖面

與德國白麵包（→P.76）相同，略帶圓形的剖面是其特徵，厚度恰到好處的表層外皮嚼感良好，香氣十足。柔軟內側整齊排列了細致球狀的氣泡，具有彈力的口感。因為配方中含有裸麥粉，因此相較於德國白麵包，柔軟內側的顏色則略帶茶色。

攪拌

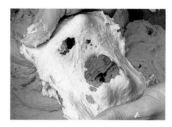

1　將所有材料放入攪拌缽盆中，以1速攪拌。4分鐘時，取部分麵團延展確認狀態。

＊因配方中含有裸麥粉，麵團連結較弱、且沾黏柔軟。

2　以2速攪拌4分鐘，確認麵團狀態。

＊麵團雖然沾黏但略可薄薄延展了。

3　使表面緊實地整合麵團，放入發酵箱內。

＊揉和完成的溫度目標為26℃。

發酵

4　在溫度28～30℃、濕度75%的發酵室內，使其發酵60分鐘。

壓平排氣

5　從左右朝中央折疊進行"輕輕的壓平排氣"（→P.40），再放回發酵箱內。

＊麵團膨脹能力較弱，因此為避免過度排氣地輕輕進行壓平排氣。過度排氣可能會造成後續的膨脹不佳。

發酵

6　放回相同條件的發酵室內，再繼續發酵30分鐘。

＊幾乎不再沾黏，已膨脹至能殘留手指痕跡的程度。

分割・滾圓

7 將麵團取出至工作檯上，分切成200g。

8 輕輕滾圓麵團。

滾圓前　　滾圓後

9 排放在舖有布巾的板子上。

中間發酵

10 放置於與發酵時相同條件的發酵室內，靜置20分鐘。

＊充分靜置麵團至緊縮的彈力消失為止。

整型

11 用手掌按壓麵團，排出氣體。

12 以平順光滑面為表面地進行滾圓。

＊相較於僅只用麵粉的麵團，其連結力較弱，麵團容易斷裂。

13 捏合底部，閉合接口處。

14 接口處朝下地排放在舖有布巾的板子上。

最後發酵

15 溫度32℃、濕度70%的發酵室內，使其發酵40分鐘。

＊過度發酵時很容易導致成品體積不足，可以略早結束發酵。手指按壓時略有回彈的程度即可。

烘焙

16 在全體表面撒上裸麥粉。

＊若撒得太過度，在烘烤完成時會有粉狀的感覺，必須注意。

17 移至滑送帶(slip belt)上，劃切十字割紋。

＊與麵團呈垂直，切劃出同樣深度的2道割紋。

18 以上火240℃、下火220℃的烤箱，放入蒸氣，烘烤24分鐘。

＊為了能形成較厚的表層外皮，確實加熱烘烤。

芝麻小圓麵包
Sesambrötchen

Sesam是芝麻，brötchen是小型麵包的意思。
是餐食麵包的變化型之一，以壓模按壓上的切紋，
再沾裹白芝麻完全烘烤是其特色。
一般來說，全麥麵粉或裸麥粉會佔整體配方的2～3成，
是一款具嚼感且風味十足的麵包。

	製法	發酵種法（Vorteig）	
	材料	3kg用量（85個）	

	配方（%）	分量（g）
● Vorteig		
法國麵包用粉	25.00	750.0
鹽	0.50	15.0
即溶酵母	0.05	1.5
水	15.00	450.0
● 正式麵團		
法國麵包用粉	45.00	1350.0
裸麥粉	20.00	600.0
全麥麵粉	10.00	300.0
鹽	1.50	45.0
即溶酵母	0.50	15.0
麥芽糖精	0.30	9.0
水	54.00	1620.0
合計	**171.85**	**5155.5**

白芝麻

Vorteig的攪拌	直立式攪拌機
	1速3分鐘　　2速2分鐘
	揉和完成溫度25℃
發酵	18小時（±3小時）
	22～25℃　　75%
正式麵團攪拌	螺旋式攪拌機
	1速5分鐘　　2速4分鐘
	揉和完成溫度26℃
發酵	70分　　28～30℃　　75%
分割	60g
中間發酵	15分鐘
整型	圓形
最後發酵	55分鐘
	（10分鐘進行壓模，沾裹白芝麻）
	32℃　　70%
烘焙	18分鐘
	上火235℃　　下火215℃
	蒸氣

芝麻小圓麵包的剖面

與凱撒麵包（→ P.72）同樣地利用壓模按壓以
控制麵團的體積，因此剖面是扁平狀。配方中因
含裸麥粉和全麥麵粉，因此雖然是小型麵包但烘
焙時間仍然較長。表層外皮厚實，柔軟內側部分
並排著球狀的細緻氣泡。

Vorteig 的攪拌

1 Vorteig 的材料放入攪拌缽盆內，以1速攪拌3分鐘。

＊材料全體大致混拌即可。麵團連結較弱，即使慢慢地拉開，麵團也無法延展地被扯斷。

2 以2速攪拌2分鐘時。

＊材料均勻混合，可以整合成團即可。因為是較硬的麵團，不易延展。

3 使表面緊實地整合麵團，放入發酵箱內。

＊麵團較硬，因此在工作檯上按壓整合成圓形。
＊揉和完成的溫度目標為25℃。

發酵

4 在溫度22～25℃、濕度75%的發酵室內，使其發酵18小時。

＊確認麵團充分膨脹。
＊發酵時間基本為18小時，可以在15～21小時間進行調整。

正式麵團攪拌

5 將正式麵團材料與4的Vorteig放入攪拌缽盆內，以1速攪拌5分鐘。取部分麵團拉開延展以確認狀態。

＊雖然材料大致混拌，但麵團連結較弱，即使慢慢地拉開，也很容易破裂。

6 以2速攪拌4分鐘，確認麵團狀態。

＊雖然略可延展，但麵團連結較弱，會沾黏。相較於麵包的體積更重視的是麵團的風味，因此在稍弱的攪拌下即完成。

7 使表面緊實地整合麵團，放入發酵箱。

＊揉和完成的溫度目標為26℃。

發酵

8 在溫度28～30℃、濕度75%的發酵室內，使其發酵70分鐘。

＊充分膨脹，表面已不沾黏。

分割‧滾圓

滾圓前　　　　滾圓後

9 將麵團取出至工作檯上，分切成60g，輕輕滾圓。

10 排放在鋪有布巾的板子上。

中間發酵

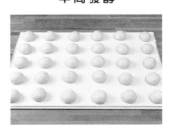

11 放置於與發酵時相同條件的發酵室內靜置15分鐘。

＊充分靜置麵團至緊縮的彈力消失為止。

整型

12 用手掌按壓麵團，輕輕排出氣體。平順光滑面為表面地滾動使其成圓形。

＊麵團表面容易粗糙乾裂，請以較小的力道進行滾圓。

13 捏合底部接口處。

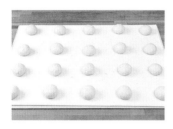

14 接口處朝下地排放在鋪有布巾的板子上。

最後發酵・壓模・裝飾面

15 放入溫度32℃、濕度70%的發酵室內，使其發酵10分鐘。

＊彈力略為減少即可。

16 用壓模按壓麵團，使其形成切紋。

＊因麵團容易斷裂，請緩慢按壓並確實將壓模按壓至觸及工作檯為止。

17 將有切紋面朝下地擺放在濕布巾上濡濕麵團。在濡濕面沾裹白芝麻。

18 沾裹面朝下地排放在鋪著布巾的板子上。

19 放置於與15相同條件的發酵室內，使其再發酵45分鐘。

＊使其充分發酵至以手指按壓時會留下痕跡的程度。發酵不足時，烘烤完成的切紋會像是裂開般的狀態。

烘焙

20 切紋面朝上地移至滑送帶(slip belt)。

21 以上火235℃、下火215℃的烤箱，放入蒸氣，烘烤18分鐘。

用於芝麻小圓麵包的壓模

壓模並沒有固定的形狀，可以依個人喜好地選擇使用。

巧巴達
Ciabatta

巧巴達義大利文是拖鞋的意思，因其形狀而得名。
利用稍稍不同的方式進行整型製作。
分割成長方形的麵團發酵後，僅用手拉成縱向長型而已。
原本是義大利北邊，倫巴底（Lombarda）特有的麵包，
現在已是義大利硬質系列餐食麵包，或作為帕尼尼Panini，
廣泛被食用的麵包了。

製法　發酵種法（麵種）

材料　2kg用量（8個）

	配方（%）	分量（g）
● 麵種		
法國麵包用粉	100.0	2000
即溶酵母	0.5	10
水	45.0	900
● 正式麵團		
鹽	2.0	40
脫脂奶粉	2.0	40
麥芽糖精	0.5	10
水	25.0	500
合計	**175.0**	**3500**

麵種的攪拌	螺旋式攪拌機 1速3分鐘　　2速2分鐘 揉和完成溫度24℃
發酵	18小時（±3小時） 22～25℃　　75%
正式麵團攪拌	螺旋式攪拌機 1速30分鐘　　2速1分鐘 揉和完成溫度25℃
發酵	40分　28～30℃　75%
分割‧整型	請參照製作方法
最後發酵	30分鐘　32℃　70%
烘焙	20分鐘 上火230℃　　下火230℃ 蒸氣

預備作業

‧脫脂奶粉直接加入時不易混拌，可以先用部分
正式麵團配方內的水溶化。

巧巴達的剖面

本來就是呈扁平、厚度較薄的麵包，因此剖面扁
且表層外皮柔軟。是一款水分較多的柔軟麵團，
因此烘焙過程中烤箱內的延展較激烈，柔軟內側
存在有相當大的氣泡。

麵種的攪拌

1 麵種的材料放入攪拌缽盆內。

2 以1速攪拌3分鐘。

＊粉類完全消失，材料全體大致混拌，但麵團無法整合，表面乾燥麵團連結較弱。因為是較硬的麵團，也不太沾黏。

3 以2速攪拌2分鐘。

＊麵團開始連結，表面開始稍有平滑感，可以整合成團。但延展狀況不佳，麵團剖面粗糙不平整。

4 整合麵團，放入發酵箱內。

＊麵團較硬，因此在工作檯上按壓整合成圓形。表面不一定要平順光滑，只要能成團即可。
＊揉和完成的溫度目標為24℃。

發酵

5 在溫度22～25℃、濕度75%的發酵室內，使其發酵18小時。

＊以全部粉類用量進行麵種的製作，因此麵種的狀態會大幅影響成品。特別是揉和完成的溫度或發酵時的溫度管理需要多加注意。溫度過高時會變成過度發酵，影響到成品的香氣。此外麵團較硬因此也容易乾燥。
＊發酵時間基本為18小時，可以在15～21小時間進行調整。

正式麵團攪拌

6 除了鹽以外的正式麵團材料與5的麵種，放入攪拌缽盆內。以1速攪拌30分鐘。

7 攪拌2分鐘時。

＊漸漸麵團被撕裂。還未與液體完全混拌。

8 攪拌10分鐘時。

＊麵團撕裂塊狀變細小，雖逐漸與液體混拌，但麵團的結合仍不足。當麵團與液體混拌後添加調整用水。

9 攪拌20分鐘時。

＊麵團連結變強，幾乎已經能整合成團，可以黏在攪拌臂上，表面黏性變強。

10 攪拌30分鐘時。

＊攪拌機轉動時，麵團無法從底部剝離的狀態，但表面已相當平滑了。

11 取部分10的麵團，確認狀態。

＊平順光滑地延展，但因尚未加入食鹽，因此攪拌30分鐘後仍有相當的黏性。

12 以2速攪拌並同時少量逐次加入食鹽。

＊添加食鹽後，會緊實麵團，攪拌時麵團已可由缽盆底部剝離了。

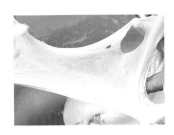

13 攪拌約1分鐘，確認麵團狀態。

＊變得更平滑能延展得更薄。藉由食鹽的添加使麵團緊實增加其連結，但仍是沾黏的狀態，非常柔軟。

14 使表面緊實地整合麵團，放入發酵箱內。

＊揉和完成的溫度目標為25℃。

發酵

15 在溫度28～30℃、濕度75%的發酵室內，使其發酵40分鐘。

＊充分膨脹，表面仍沾黏。

分割‧滾圓

16 將麵團取出放至撒上手粉的工作檯，擀壓成寬25cm、厚2cm的長方形。

＊擀壓過程中也可多使用手粉。

17 在表面撒上手粉，由外側朝中央折入⅓。同樣地撒上手粉，由內朝外也同樣折入⅓。

＊撒上手粉處在烘焙完成時會形成裂紋。手粉使用太少時，會導致麵團沾黏而無法形成開口，所以用量略多。

18 翻轉麵團放置於舖有布巾的板子上。覆蓋上塑膠袋於室溫下靜置10分鐘。

19 靜置狀態。

＊略回復彈力即可。

20 由邊緣開始，分切成8等分。

21 布巾舖放在板子上，並撒上手粉，麵團切口朝上地排放。

＊因切口的沾黏性很強，所以要撒上充足的手粉。

最後發酵

22 放入溫度32℃、濕度70%的發酵室內，使其發酵30分鐘。

＊因烘焙前會略為拉開麵團，因此可以稍早地完成發酵。

烘焙

23 切口朝上的狀態下，稍稍拉開麵團再移至滑送帶(slip belt)。

24 以上火230℃、下火230℃的烤箱，放入蒸氣，烘烤20分鐘。

西西里麵包
Pane siciliano

是位於義大利半島尖端位置－西西里島，以傳統杜蘭小麥粉製作而成，
簡約的餐食麵包。杜蘭小麥以義大利麵的原料而聞名，
蛋白質和胡蘿蔔素豐富，含高營養價值的小麥品種。
在西西里島，盛行栽植杜蘭小麥和白芝麻，此款麵包因此而誕生。

製法　直接法

材料　3kg用量（10個）

	配方（%）	分量（g）
杜蘭小麥粉	100.0	3000
鹽	2.0	60
即溶酵母	1.5	45
水	70.0	2100
合計	173.5	5205

白芝麻

攪拌	螺旋式攪拌機 1速4分鐘　2速4分鐘 揉和完成溫度26℃
發酵	50分　28～30℃　75%
分割	500g
中間發酵	10分鐘
整型	棒狀（30cm） 沾裹白芝麻
最後發酵	40分鐘　32℃　70%
烘焙	劃切割紋 30分鐘 上火220℃　下火210℃ 蒸氣

西西里麵包的剖面

因為使用超硬質、高蛋白粉類，因此麵包的表層
外皮較厚，口感Q彈。柔軟內側有杜蘭小麥特
有的麵筋組織，其中存在著各式各樣的氣泡。特
別值得一提的是，受到粉類中所含的類胡蘿蔔素
（carotenoid）影響，柔軟內側與義大利麵同樣
地略呈黃色。

攪拌

1　將所有材料放入攪拌缽盆中，以1速攪拌。

2　攪拌4分鐘時，取部分麵團延展以確認狀態(A)。

＊麵團雖已均勻混合，但尚無法成團。表面乾燥麵團連結較弱、且沾黏。

3　以2速攪拌4分鐘，確認麵團狀態(B)。

＊表面變得平滑，可以薄薄延展，但仍不均勻。

4　使表面緊實地整合麵團，放入發酵箱(C)。

＊揉和完成的溫度目標為26℃。

發酵

5　在溫度28～30℃、濕度75%的發酵室內，使其發酵約50分鐘(D)。

＊已膨脹至能殘留手指痕跡的程度。

分割‧滾圓

6　將麵團取出至工作檯上，分切成500g。

7　輕輕滾圓麵團，排放在鋪有布巾的板子上。

中間發酵

8　放置於與發酵時相同條件的發酵室內，靜置10分鐘。

＊充分靜置麵團至緊縮的彈力消失為止。

整型

9　用手掌按壓麵團，排出氣體。

10　平順光滑面朝下，由外側朝身體方向折入，以手掌根部按壓折疊的麵團邊緣使其貼合。

11　麵團轉動180度，同樣地折疊⅓使其貼合。

12　由外側朝內對折，並確實按壓麵團邊緣使其閉合。

＊因為麵團容易斷裂，必須緩慢地按壓。

13　一邊由上往下輕輕按壓，一邊滾動麵團，使其成為30cm的棒狀。

14　將麵團放置在濕布巾上滾動，以濡濕表面。

15　將白芝麻攤放在方型淺盤中，放入濡濕表面的麵團，輕輕按壓以沾裹白芝麻(E)。

16　在板子上鋪放布巾，以布巾做出間隔，將白芝麻面朝上地排放麵團(F)。

＊布巾與麵團間隔，約需留下1指寬的間隙。

最後發酵

17　溫度32℃、濕度70%的發酵室內，使其發酵40分鐘(G)。

＊充分發酵至以手指按壓時會留下痕跡。

烘焙

18　移至滑送帶(slip belt)上，劃切3道割紋(H)。

＊彷彿片切般地劃入割紋。

19　以上火220℃、下火210℃的烤箱，放入蒸氣，烘烤30分鐘。

＊因大型麵包烘烤時間較長，請注意避免芝麻烤焦。

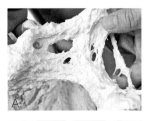

A

B

C

D

E

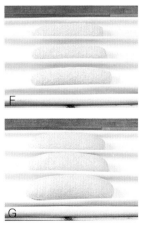

F

G

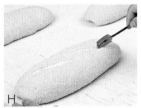

H

托斯卡尼麵包
Pane toscano

是義大利以佛羅倫斯為中心，托斯卡尼地區最具代表性的餐食麵包，
也是世界上少數因無鹽麵包而著稱。
12世紀，因敵國阻止了食鹽的流通而導致鹽價高漲，
所以做出這款不含鹽的麵包。
因為沒有添加鹽分，所以麵團坍軟沾黏，
為補強此部分，而使用了添加酵母的麵種，以烘焙出具體積的麵包。

製法　發酵種法(麵種)
材料　3kg用量(16個)

	配方(%)	分量(g)
● 麵種		
法國麵包用粉	50.0	1500.0
即溶酵母	0.25	7.5
水	25.00	750.0
● 正式麵團		
法國麵包用粉	50.00	1500.0
即溶酵母	0.50	15.0
麥芽糖精	0.60	18.0
水	35.00	1050.0
合計	161.35	4840.5

法國麵包用粉

麵種的攪拌	直立式攪拌機 1速3分鐘　2速3分鐘 揉和完成溫度25℃
發酵	18小時(±3小時) 22～25℃　75%
正式麵團攪拌	螺旋式攪拌機 1速5分鐘　2速2分鐘 揉和完成溫度26℃
發酵	40分　28～30℃　75%
分割	300g
中間發酵	15分鐘
整型	棒狀(18cm) 沾裹法國麵包用粉
最後發酵	40分鐘　32℃　70%
烘焙	劃切割紋 25分鐘 上火230℃　下火220℃ 蒸氣

托斯卡尼麵包的剖面

烘焙過程中烤箱內的延展和緩，剖面呈橢圓形。
因為配方中不含鹽，因此顏色略淡，表層外皮硬
脆且厚。柔軟內側的上部與下部可以看見氣泡的
痕跡，顏色泛白。

麵種的攪拌

1 麵種的材料放入攪拌缽盆內。

2 以1速攪拌3分鐘。

＊粉類完全消失，材料全體大致混拌，但麵團無法整合，表面乾燥、麵團連結較弱。因為是較硬的麵團，也不太沾黏。

3 以2速攪拌3分鐘。

＊麵團開始連結，表面開始稍有平滑感，可以整合成團。但延展厚且狀況不佳。

4 整合麵團，放入發酵箱內。

＊麵團較硬，因此在工作檯上按壓整合成圓形。表面不一定要平順光滑，只要能成團即可。
＊揉和完成的溫度目標為25℃。

發酵

5 在溫度22～25℃、濕度75%的發酵室內，使其發酵18小時。

＊麵團較硬因此也容易乾燥，要多加注意。
＊發酵時間基本為18小時，可以在15～21小時間進行調整。

正式麵團攪拌

6 除了鹽以外的正式麵團材料與5的麵種放入攪拌缽盆內。以1速攪拌。

7 攪拌5分鐘時，取部分麵團延展以確認狀態。

＊雖然麵團開始整合成團，但表面仍不均勻，沾黏性強。可以薄薄地延展，但斷裂面粗糙不平整。

8 以2速攪拌2分鐘時，取部分麵團延展以確認狀態。

＊表面變得光滑，可以薄薄地延展，斷裂面也呈現平滑狀態。但因為是不含鹽麵團，因此非常沾黏。

9 使表面緊實地整合麵團，放入發酵箱內。

＊因為是結合較弱的麵團，因此儘可能不觸及麵團表面地迅速整合成團。
＊揉和完成的溫度目標為26℃。

發酵

10 在溫度28～30℃、濕度75%的發酵室內，使其發酵40分鐘。

＊使其充分發酵膨脹至以手指按壓時會留下手指痕跡。

分割・滾圓

11 將麵團取出至工作檯上，分切成300g。

12 滾圓麵團。

＊因為是連結較弱的麵團，要注意避免麵團表面的粗糙。

滾圓前　　　滾圓後

13　排放在鋪有布巾的板子上。

中間發酵

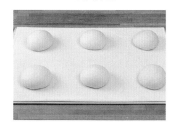

14　放置於與發酵時相同條件的發酵室內，靜置15分鐘。

＊因麵團不含鹽，容易鬆弛，請注意不要過度靜置。

整型

15　用手掌按壓麵團，排出氣體。

16　平順光滑面朝下，由外側朝中央折入⅓，以手掌根部按壓折疊的麵團邊緣使其貼合。

17　麵團轉動180度，同樣地折疊⅓使其貼合。

18　由外側朝內對折，並確實按壓麵團邊緣使其閉合，整型成18cm的棒狀。

＊因為是連結較弱的麵團，容易斷裂請仔細地按壓。

19　接口處朝上地，放在裝有法國麵包用粉的方型淺盤內沾裹上粉。

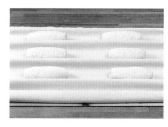

20　在板子上舖放布巾，以布巾做出間隔，將接口處朝下地並排麵團。

＊布巾與麵團間隔，約需留下1指寬的間隙。

最後發酵

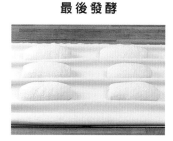

21　放入溫度32℃、濕度70%的發酵室內，使其發酵約40分鐘。

＊使其充分發酵。發酵不完全時會導致麵團的延展性不佳，難以有膨大的體積。

烘焙

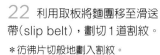

22　利用取板將麵團移至滑送帶(slip belt)，劃切1道割紋。

＊彷彿片切般地劃入割紋。

23　以上火230℃、下火220℃的烤箱，放入蒸氣，烘烤25分鐘。

4

半硬質系列的麵包

德式圓麵包
Rundstück

Rundstück在德語中是圓形塊狀的意思，在德國會塗抹上奶油或果醬，搭配咖啡一起在早餐時享用。
因為配方中的副材料較少，所以分類在半硬質系列麵包中，但其口感是柔軟且易於入口的種類。
表面的罌粟籽更能提引出麵包的香氣。

製法 直接法

材料 3kg用量(91個)

	配方(%)	分量(g)
法國麵包用粉	100.0	3000
砂糖	2.5	75
鹽	2.0	60
脫脂奶粉	3.0	90
酥油	3.0	90
即溶酵母	0.8	24
雞蛋	5.0	150
水	66.0	1980
合計	**182.3**	**5469**

罌粟籽(白)

攪拌	螺旋式攪拌機
	1速4分鐘　2速5分鐘
	揉和完成溫度26℃
發酵	90分(60分鐘時壓平排氣)
	28～30℃　75%
分割	60g
中間發酵	20分鐘
整型	圓形
最後發酵	70分鐘　32℃　70%
烘焙	噴撒水霧、撒上罌粟籽
	15分鐘
	上火230℃　下火200℃
	蒸氣

德式圓麵包的剖面

因為僅是圓形的簡單整型，烘烤時麵包也能毫無阻礙地膨脹起來，剖面呈現優美的橢圓形。表層外皮薄，柔軟內側上部有略為粗糙的傾向。因為配方中添加雞蛋而呈奶油色。

攪拌

1　將所有材料放入攪拌缽盆中，以1速攪拌4分鐘。

＊麵團雖已整合成團，但表面粗糙。

2　取部分麵團延展確認狀態。

＊沾黏且連結較弱。呈乾燥狀態，麵團立刻撕斷。

3　以2速攪拌5分鐘。

＊攪拌時缽盆底部的麵團彷彿剝離般表面呈滑順狀態。

4　確認3的麵團狀態。

＊雖然仍無法延展出薄膜狀態，但麵團幾乎已呈均勻狀態。

5　使表面緊實地整合麵團，放入發酵箱內。

＊揉和完成的溫度目標為26℃。

發酵

6　在溫度28～30℃、濕度75%的發酵室內，使其發酵60分鐘。

＊膨脹至能殘留手指痕跡的程度。

壓平排氣

7 按壓全體，從左右朝中央折疊進行 " 較輕的壓平排氣 "（→P.40），再放回發酵箱內。

＊因為成品是紮實且潤澤的柔軟內側，因此相較於硬質系列麵團的力道會略強一些。

發酵

8 放回相同條件的發酵室內，再繼續發酵30分鐘。

分割・滾圓

9 將麵團取出至工作檯上，分切成60g。

10 輕輕滾圓麵團。

滾圓前　　　　滾圓後

11 排放在舖有布巾的板子上。

中間發酵

12 放置於與發酵時相同條件的發酵室內，靜置20分鐘。

＊充分靜置麵團至緊縮的彈力消失為止。

整型

13 用手掌按壓麵團，排出氣體。平順光滑面為表面地確實進行滾圓。

＊在不會導致麵團斷裂程度地情況下確實進行滾圓。

14 捏合底部使其閉合。

＊避免滾圓後的麵團鬆開地確實閉合接口處。

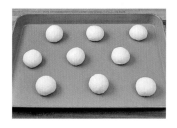

15 接口處朝下，排放在烤盤上。

最後發酵

16 溫度32℃、濕度70%的發酵室內，使其發酵約70分鐘。

＊使其發酵至充分膨脹。發酵不足時，會導致底部裂開。

烘焙

17 噴撒水霧，撒放罌粟籽。

18 以上火230℃、下火200℃的烤箱，放入蒸氣，烘烤15分鐘。

德式麵包棒
Stangen

名稱為棒子的麵包，在德國、奧地利是大家慣於享用的日常點心。
從原味至芝麻、罌粟籽、鹽味等各式口味，富有變化。
在麵團中揉入起司、或表面撒上起司粉等烘烤出的啤酒棒，更是有名的佐酒小點，
對於喜愛啤酒的德國人而言更是不可少的麵包。

製法　直接法

材料　3kg用量(82個)

	配方(%)	分量(g)
法國麵包用粉	100.0	3000
鹽	2.0	60
脫脂奶粉	3.0	90
奶油	2.0	60
新鮮酵母	2.0	60
雞蛋	5.0	150
麥芽糖精	0.3	9
水	50.0	1500
合計	**164.3**	**4929**

罌粟籽(白・黑)

攪拌	螺旋式攪拌機 1速6分鐘　2速2分鐘 揉和完成溫度26℃
發酵	60分　28～30℃　75%
分割	60g
中間發酵	15分鐘
整型	薄平擀壓後捲起 沾裹罌粟籽
最後發酵	40分鐘　32℃　70%
烘焙	18分鐘 上火230℃　下火190℃ 蒸氣

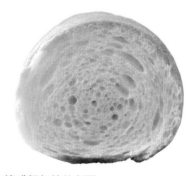

德式麵包棒的剖面

因為加入大量蒸氣烘焙而成，因此表層外皮薄且脆。利用壓麵機擀壓麵團後捲成的棒狀，因此柔軟內側剖面也可以看出氣泡捲成旋渦狀的層次。

攪拌

1　將所有材料放入攪拌缽盆中，以1速攪拌。

2　攪拌6分鐘時，取部分麵團延展確認狀態。

＊雖然材料均勻混合，但不易成團，表面粗糙連結力較弱。因麵團較硬，較不會沾黏。

3　以2速攪拌2分鐘，確認麵團狀態。

＊雖可以延展開，但想要延展得更薄時就會破損。

4　使表面緊實地整合麵團。

＊麵團較硬，因此在工作檯上按壓整合成圓形。

5　放入發酵箱內。

＊揉和完成的溫度目標為26℃。

發酵

6　在溫度28～30℃、濕度75%的發酵室內，使其發酵60分鐘。

＊雖然已充分發酵，但因麵團較硬，所以手按壓後會略有回彈。

分割・滾圓

滾圓前　　　　滾圓後

7　將麵團取出至工作檯上，分切成60g、滾圓。

8　排放在鋪有布巾的板子上。

中間發酵

9　放置於與發酵時相同條件的發酵室內，靜置15分鐘。

整型

10　以壓麵機擀壓成薄長的橢圓形（長徑15cm × 短徑10cm）。

＊為使麵團能輕易通過壓麵機，先輕輕按壓麵團。
＊以不會造成麵團負擔地，分別設定成3mm和1.5mm，分兩次擀壓。

11　由外側邊緣略為反折，並輕輕按壓。

12　按壓反折的部分，另一手輕輕拉開麵團，使其延展。

13　由上按壓並朝自己方向捲入。

＊避免捲入空氣。

14　重覆12和13的作業，就能緊實地捲起麵團，使其成為長20cm的棒狀。

＊藉由邊拉開麵團邊捲動的作業，使麵團的寬度越來越細，而成為漂亮的捲紋。

15　表面沾裹材料時，將捲起的麵團正面放置在濕布巾上濕濕麵團，再沾裹上罌粟籽。

16　捲起接口處朝下地排放在烤盤上。

最後發酵

17　溫度32℃、濕度70%的發酵室內，使其發酵40分鐘。

＊發酵不足，烘烤時會造成麵團捲起處的裂紋，而過度發酵時，捲紋也會變得不清楚。

烘焙

18　以上火230℃、下火190℃的烤箱，放入蒸氣，烘烤約18分鐘。

＊放入略多的蒸氣。過少時會造成側面的裂紋。

芝麻圈麵包
Simit

芝麻圈麵包是土耳其人最喜歡的麵包。是一款撒上特產白芝麻的圈狀麵包。
在土耳其的街頭，都可以看到頭頂著芝麻圈行走的人，
還有串在棒子上販售的小攤販。
白芝麻的馨香與酥脆的口感，更是絕妙超群的搭配。
也有由兩條麵團扭捲而成的種類。

製法 直接法

材料 3kg用量(64個)

	配方(%)	分量(g)
法國麵包用粉	100.0	3000
砂糖	5.0	150
鹽	1.8	54
奶油	5.0	150
即溶酵母 *	0.8	24
雞蛋	5.0	150
水	55.0	1650
合計	172.6	5178

白芝麻

＊無添加維生素C的製品。

攪拌	螺旋式攪拌機 1速4分鐘　2速5分鐘 揉和完成溫度26℃
發酵	60分　28～30℃　75%
分割	80g
中間發酵	10分鐘
整型	棒狀(45cm)→圈狀 沾裹白芝麻
最後發酵	35分鐘　32℃　70%
烘焙	15分鐘 上火230℃　下火180℃ 蒸氣

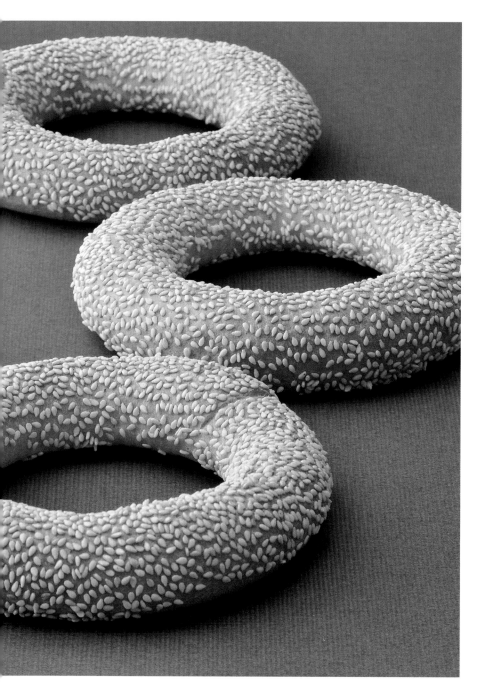

芝麻圈麵包的剖面
以略硬的麵團反折整型成棒狀，所以表層
外皮較厚，柔軟內側也是紮實的口感。

攪拌

1 將所有材料放入攪拌缽盆中，以1速攪拌。

2 攪拌4分鐘時，取部分麵團延展以確認狀態(A)。

＊麵團雖已均勻混合，但表面不均勻麵團連結較弱，無法薄薄地延展，不太沾黏。

3 以2速攪拌5分鐘，確認麵團狀態(B)。

＊可以薄薄延展，但仍不均勻。

4 使表面緊實地整合麵團，再放入發酵箱內(C)。

＊揉和完成的溫度目標為26℃。

發酵

5 在溫度28～30℃、濕度75%的發酵室內，使其發酵約60分鐘(D)。

＊已膨脹至能殘留手指痕跡的程度，但因使用的是無添加維生素C的酵母，所以略呈坍軟狀態。

分割·滾圓

6 將麵團取出至工作檯上，分切成80g。

7 輕輕滾圓麵團。

8 排放在舖有布巾的板子上。

中間發酵

9 放置於與發酵時相同條件的發酵室內，靜置10分鐘。

＊充分靜置麵團至緊縮的彈力消失為止。

整型

10 用手掌按壓麵團，排出氣體。

11 平順光滑面朝下，由外側朝身體方向折入⅓，以手掌根部按壓折疊的麵團邊緣使其貼合。

12 麵團轉動180度，同樣地折疊⅓使其貼合。

13 由外側朝內對折，並確實按壓麵團邊緣使其閉合。

14 一邊由上往下輕輕按壓，一邊轉動麵團，使其成為15cm的棒狀。排放在舖放布巾的板子上，於室溫下靜置5分鐘。

＊若麵團變得乾燥時，可視狀況地覆蓋塑膠袋。

15 用手掌按壓麵團，排出氣體。

＊為使麵團成長條狀，必須儘可能由邊緣依序推壓使其為細長狀。

16 平順光滑面朝下，由外側朝內對折，並確實按壓麵團邊緣使其閉合。

17 一邊由上往下輕按壓，一邊滾動麵團，使其成為45cm的棒狀(E)。

18 接口處朝上地，單邊以手掌按壓，使其呈扁平狀(F)。

19 將另一端放置於壓成扁平狀的麵團上，使其成為圈狀(G)。

＊使接口處連結地擺放在麵團上。

20 壓成扁平的麵團包覆另一端麵團後，捏緊閉合接口處(H)。

21 按壓全體使其平整。

22 以濕布巾濡濕接口處的反面，再沾裹上白芝麻。

23 沾裹芝麻面朝上地略加整型後，排放在舖著布巾的板子上。

最後發酵

24 溫度32℃、濕度70%的發酵室內，使其發酵35分鐘。

＊雖是使其充分膨脹地發酵，但因為是細長棒狀的麵包，若過度發酵柔軟內側會變得粗糙，風味也會消失。

烘焙

25 麵團移至滑送帶(slip belt)。

26 以上火230℃、下火180℃的烤箱，放入蒸氣，烘烤15分鐘。

A

B

C

D

E

F

G　　接口處

H

佛卡夏
Focaccia

提到佛卡夏，最為大家所熟知的，就是將發酵麵團壓平後烘烤而成。但在義大利還有更薄脆、或無發酵等等…
各式各樣的類型。在此介紹的是作為餐食麵包、三明治等，可大幅加以運用的常見佛卡夏。
依地區不同，也有地方稱之為Schiacciare（壓碎的意思）。

製法　直接法

材料　3kg用量（26個）

	配方(%)	分量(g)
法國麵包用粉	100.0	3000
砂糖	2.0	60
鹽	2.0	60
橄欖油	5.0	150
新鮮酵母	2.5	75
水	62.0	1860
合計	173.5	5205

橄欖油、迷迭香、粗鹽

攪拌	螺旋式攪拌機 1速4分鐘　2速3分鐘 揉和完成溫度26℃
發酵	50分　28～30℃　75%
分割	200g
中間發酵	15分鐘
整型	圓形(直徑15cm)
最後發酵	30分鐘　32℃　70%
烘焙	刷塗橄欖油、表面裝飾 18分鐘 上火230℃　下火220℃

預備作業

• 烤盤上塗抹橄欖油。

攪拌

1 將所有材料放入攪拌缽盆中，以1速攪拌。

2 攪拌4分鐘時，取部分麵團延展以確認狀態（A）。

＊因為是柔軟麵團，連結較弱，會沾黏。

3 以2速攪拌3分鐘，確認麵團狀態（B）。

＊可以薄薄延展，但仍不均勻，連結也不甚強。略少的攪拌可以做出嚼感更好的麵包。

4 使表面緊實地整合麵團，再放入發酵箱內（C）。

＊揉和完成的溫度目標為26℃。

發酵

5 在溫度28～30℃、濕度75%的發酵室內，使其發酵50分鐘（D）。

＊使其發酵至充分膨脹。

分割・滾圓

6 將麵團取出至工作檯上，分切成200g。

7 平順光滑面為表面地滾動使其成圓形，捏合底部。

＊整型時僅以擀麵棍壓平而已，所以在此需要使其呈形狀良好的圓形。

8 排放在舖有布巾的板子上。

中間發酵

9 放置於與發酵時相同條件的發酵室內，靜置15分鐘。

＊充分靜置麵團至緊縮的彈力消失為止。

整型

10 用擀麵棍擀壓成直徑15cm大小（E）。

＊要注意麵團邊緣的厚度不得比中央厚。

11 排放在烤盤上。

最後發酵

12 溫度32℃、濕度70%的發酵室內，使其發酵30分鐘。

＊充分發酵膨脹至能殘留手指痕跡的程度。

烘焙

13 以手指在麵團表面刺出孔洞（F）。用刷子刷塗橄欖油，撒上迷迭香和粗鹽（G）。

14 以上火230℃、下火220℃的烤箱，烘烤18分鐘。

佛卡夏的剖面

以擀壓成厚2cm的麵團而言，烘焙時間較長，因此麵包扁平且表層外皮略厚。柔軟內側也可以看得到壓破的氣泡。麵包底部隆起的痕跡，是因手指刺出孔洞的位置麵團較薄，所造成的現象。

A

B

C

D

E

F

G

虎皮麵包卷
Tiger roll

虎皮麵包卷聽起來是非常勇猛的名稱，其名稱的由來，起於表面塗抹的材料看起來像是虎紋般，因而得名。

歷史並不悠久，大約是1970年左右在荷蘭的阿姆斯特丹，
以tijgerbrood為名所誕生的麵包。

像是脆皮吐司麵包般口感的餐食麵包。

製法	直接法	
材料	3kg用量(74個)	

	配方(%)	分量(g)
法國麵包用粉	100.0	3000
砂糖	2.0	60
鹽	2.0	60
脫脂奶粉	3.0	90
酥油	3.0	90
新鮮酵母	2.0	60
雞蛋	5.0	150
麥芽糖精	0.3	9
水	57.0	1710
合計	174.3	5229

● 虎皮麵糊

上新粉	400
低筋麵粉	24
砂糖	8
鹽	8
新鮮酵母	40
麥芽糖精	3
水	400
豬脂	48

攪拌	螺旋式攪拌機 1速6分鐘　2速4分鐘 揉和完成溫度26℃
發酵	90分(60分鐘時壓平排氣) 28～30℃　75%
分割	70g
中間發酵	15分鐘
整型	棒狀(15cm)
最後發酵	50分鐘　32℃　70%
烘焙	塗抹虎皮麵糊 20分鐘　上火230℃　下火190℃ 蒸氣

虎皮卷麵包的剖面

如其他棒狀麵包的剖面一般，略呈橢圓形。塗抹了虎皮麵糊的表層外皮會變得較厚，但並不硬。柔軟內側排列著細且圓的氣泡，因為配方含有雞蛋，所以略呈奶油色。

攪拌

1 將所有材料放入攪拌缽盆中，以1速攪拌6分鐘。取部分麵團延展確認狀態。

＊材料均勻混拌，但延展時厚且尚未均勻，無法延展成薄膜。略硬的麵團。

2 以2速攪拌4分鐘，取部分麵團延展確認狀態。

＊已經可以均勻地延展開了，但仍無法成為薄膜狀態。

3 使表面緊實地整合麵團，放入發酵箱內。

＊揉和完成的溫度目標為26℃。

發酵

4 在溫度28～30℃、濕度75%的發酵室內，使其發酵60分鐘。

壓平排氣

5 按壓全體，從左右朝中央折疊進行 "較輕的壓平排氣"（→P.40），再放回發酵箱內。

＊因為成品是紮實且潤澤的柔軟內側，因此相較於硬質系列麵團的壓平排氣力道會略強一些。

發酵

6 放回相同條件的發酵室內，再繼續發酵30分鐘。

＊使其發酵至充分膨脹。

分割・滾圓

7 將麵團取出至工作檯上，分切成70g。

8 輕輕滾圓麵團。

＊因為是略硬的麵團，應注意避免麵團的斷裂。

滾圓前　　　滾圓後

9 排放在舖有布巾的板子上。

中間發酵

10 放置於與發酵時相同條件的發酵室內，靜置15分鐘。

＊充分靜置麵團至緊縮的彈力消失為止。

整型

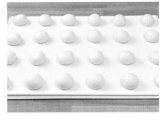

11 用手掌按壓麵團，排出氣體。

12 平順光滑面朝下，由外側朝中央折入⅓，以手掌根部按壓折疊的麵團邊緣使其貼合。麵團轉動180度，同樣地折疊⅓使其貼合。

13 由外側朝內對折，並確實按壓麵團邊緣使其閉合。一邊由上往下輕輕按壓，一邊滾動麵團，使其成為15cm的棒狀。

14 接口處朝下地排放在烤盤上。

最後發酵

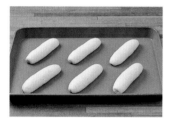

15 溫度32℃、濕度70%的發酵室內，使其發酵50分鐘。

＊為了避免塗抹虎皮麵糊時麵團凹陷萎縮，可以略早結束發酵。
＊因為是較硬的麵團，所以容易乾燥必須多加注意。

虎皮麵糊

16 在進行最後發酵時，製作虎皮麵糊。在缽盆中放入上新粉、過篩後的低筋麵粉、砂糖和鹽，混拌。將新鮮酵母和麥芽糖精溶於水中，加入溶化的豬脂，以攪拌器從中央攪打至周圍粉類逐漸消失，完全混拌為止。

17 確實攪打至呈均勻的狀態。
＊攪拌完成時的麵團溫度為26～28℃。

18 發酵前的狀態。

19 在溫度28～30℃、濕度75%的發酵室內，使其發酵40分鐘。

＊雖然不會像麵包麵團般膨脹起來，但可以看見表面全體的氣泡。

烘焙

20 用攪拌器攪打混拌虎皮麵糊，使其成為滑順狀態。

＊太硬時可加水調整。太過柔軟時就無法形成漂亮的紋路了。

21 用刷子將虎皮麵糊刷塗在完成最後發酵的麵團上。

＊在全體表面均勻地塗抹上相同的厚度。

22 以上火230℃、下火190℃的烤箱，放入蒸氣，烘烤20分鐘。

亞洲系的虎皮麵糊

虎皮麵糊原本是在米粉中混合芝麻油、鹽、酵母、水混拌後，稍加放置使其發酵再塗抹的。米粉及芝麻油等都是在亞洲經常使用的食材，但大家心裡的疑問是…為何這樣的麵團會誕生於荷蘭呢？這可能是因為荷蘭自古即在東南亞地區進行交易，包括日本，因而將亞洲的食材帶回自己的國家，再發揚光大吧。

軟質系列的麵包

奶油卷
Butter roll

是日本最受歡迎的軟質系列餐食麵包之一，除了麵包店之外，連超市或便利商店的架上都看得到。
因為在麵團中揉入了奶油或調合奶油，食用時不必再塗抹奶油的麵包就此誕生！
也稱它為佐餐麵包或餐包。

製法 直接法

材料 3kg用量(133個)

	配方(%)	分量(g)
高筋麵粉	100.0	3000
砂糖	12.0	360
鹽	1.8	54
脫脂奶粉	4.0	120
奶油	15.0	450
新鮮酵母	4.0	120
雞蛋	10.0	300
蛋黃	2.0	60
水	51.0	1530
合計	199.8	5994

蛋液

攪拌	直立式攪拌機 1速3分鐘　2速2分鐘　3速3分鐘 油脂　2速2分鐘　3速7分鐘 揉和完成溫度26℃
發酵	50分　28～30℃　75%
分割	45g
中間發酵	15分鐘
整型	捲狀
最後發酵	60分鐘　38℃　75%
烘焙	刷塗蛋液 10分鐘 上火225℃　下火180℃

奶油卷的剖面

因為是以擀麵棍薄薄地擀壓後捲起，麵團的氣體確實排出，表層外皮薄且柔軟內側氣泡均勻細緻。仔細觀察還能看到氣泡呈旋渦狀。

攪拌

1 將奶油以外的材料放入攪拌缽盆中，以1速攪拌。

2 攪拌3分鐘後，取部分麵團延展確認狀態。

＊沾黏且連結較弱，表面粗糙。

3 以2速攪拌2分鐘，確認麵團的狀態。

＊麵團仍沾黏，但連結增強。

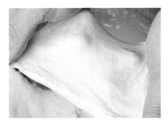

4 以3速攪拌3分鐘，確認麵團的狀態。

＊麵團不再沾黏，可以薄薄地延展開，但仍不均勻。

5 添加奶油，以2速攪拌2分鐘，確認麵團的狀態。

＊因添加較多油脂，因此麵團連結較弱，延展時就會破裂。

6 以3速攪拌7分鐘，確認麵團的狀態。

＊麵團再次連結且能均勻地延展成薄膜狀。

7 使表面緊實地整合麵團，放入發酵箱內。

＊揉和完成的溫度目標為26℃。

發酵

8 在溫度28～30℃、濕度75%的發酵室內，使其發酵50分鐘。

＊已膨脹至能殘留手指痕跡的程度。

分割・滾圓

9 將麵團取出至工作檯上，分切成45g。

10 確實滾圓麵團。

滾團前　　　　滾團後

11 排放在鋪有布巾的板子上。

中間發酵

12 放置於與發酵時相同條件的發酵室內，靜置15分鐘。

＊充分靜置麵團至緊縮的彈力消失為止。

整型

13 用手掌按壓麵團，排出氣體。平順光滑面朝下，由外側朝中央折入⅓，以手掌根部按壓折疊的麵團邊緣使其貼合。

14 麵團轉動180度，同樣地折疊⅓使其貼合。

15 由外側朝內對折，並確實按壓麵團邊緣使其閉合。

16 一邊由上往下輕輕按壓，一邊滾動麵團，使其成為單邊較細的12cm棒狀。靜置於室溫下5分鐘。

＊要注意不要將麵團滾動得過細。
＊若麵團有乾燥情況，因應必要可以覆蓋塑膠袋。

17 較細的一端朝向自己，由中央朝外側以擀麵棍擀壓。

18 手扶握在麵團中央，邊拉長麵團邊用擀麵棍由中央向自己的方向擀壓。

＊扶握在麵團上的手，逐漸朝自己拉長麵團。
＊為能確實排出氣體，兩面都以擀麵棍擀壓。

19 接口處朝上地將少許邊緣由外側折入，並輕輕按壓。

＊過度強力按壓時，會導致中央部分發酵不足，造成柔軟內側的過度緊實。

25 以上火225℃、下火180℃的烤箱，烘烤10分鐘。

20 邊輕輕按壓邊朝自己方向捲起麵團。

＊過度用力按壓會導致麵團過度緊實不易發酵。

21 捲起後捏緊接口處使其閉合。

22 接口處朝下地排放在烤盤上。

最後發酵

23 在溫度38℃、濕度75%的發酵室內，使其發酵60分鐘。

＊發酵不足時，可能會造成烘焙時捲起的部分產生裂紋，所以必須使其充分發酵。

烘焙

24 用刷子刷塗蛋液。

＊避免蛋液貯積在捲紋上，均勻地刷塗。

「卷 roll」與「包 bun」

卷roll與包bun是英國和美國對於小型麵包的統稱，特別是美國，限定為½磅（約227g）以下的麵團烘烤成的麵包屬於「卷roll」。在日本則有大家所熟知的「漢堡用麵包hamburger buns」，bun的複數形。

硬麵包卷
Hard roll

Hard roll 的名字或許或聯想到硬質麵包，但實際上相較於奶油卷等
軟質麵包，配方稍偏向 LEAN 類（低糖油配方），略有韌性，
但絕不是硬質系列的麵包。清爽且輕盈的口感，
是餐廳及咖啡廳非常受到歡迎的麵包種類。

製法　直接法

材料　3kg用量（111個）

	配方（%）	分量（g）
高筋麵粉	100.0	3000
砂糖	8.0	240
鹽	1.5	45
脫脂奶粉	4.0	120
奶油	4.0	120
酥油	2.0	60
新鮮酵母	2.0	60
雞蛋	5.0	150
水	60.0	1800
合計	186.5	5595

攪拌	直立式攪拌機 1速3分鐘　2速3分鐘 油脂　2速2分鐘　3速6分鐘 揉和完成溫度26℃
發酵	90分（60分鐘時壓平排氣） 28～30℃　75%
分割	50g
中間發酵	15分鐘
整型	捲狀
最後發酵	60分鐘　38℃　75%
烘焙	10分鐘 上火230℃　下火190℃ 蒸氣

硬奶油卷的剖面

與奶油卷的剖面（→ P.109）幾乎沒有差
別，但因雞蛋配方較少，所以柔軟內側的
顏色較白，且略硬。

攪拌

1 將奶油、酥油以外的材料放入攪拌缽盆中，以1速攪拌。

2 攪拌3分鐘後，取部分麵團延展以確認狀態（A）。

＊沾黏且連結較弱，表面粗糙。

3 以2速攪拌3分鐘，確認麵團的狀態（B）。

＊麵團不再沾黏，可以薄薄地延展開，但仍不均勻。

4 添加奶油、酥油，以2速攪拌2分鐘，確認麵團的狀態（C）。

＊因添加油脂，因此麵團連結較弱。

5 以3速攪拌6分鐘，確認麵團的狀態（D）。

＊麵團再次連結且能均勻地延展成薄膜狀。

6 使表面緊實地整合麵團，再放入發酵箱內（E）。

＊揉和完成的溫度目標為26℃。

發酵

7 在溫度28～30℃、濕度75%的發酵室內，使其發酵60分鐘（F）。

＊已膨脹至能殘留手指痕跡的程度。

壓平排氣

8 從左右朝中央折疊〝較輕的壓平排氣〞（→P.40），再放回發酵箱內。

＊是軟質系列中稍屬LEAN類（低糖油配方）的麵團，應避免過度施力，較一般軟質系列麵團的壓平排氣更輕一點的力道來進行。

發酵

9 放回相同條件的發酵室內，再繼續發酵30分鐘（G）。

＊手指按壓痕跡得以殘留地充分膨脹。

分割・滾圓

10 將麵團取出至工作檯上，分切成50g。

11 確實滾圓麵團，排放在舖有布巾的板子上。

＊略硬的麵團容易破損，必須確實滾圓。

中間發酵

12 放置於與發酵時相同條件的發酵室內，靜置15分鐘。

＊充分靜置麵團至緊縮的彈力消失為止。

整型

13 用手掌按壓麵團，排出氣體。平順光滑面朝下，由外側朝中央折入⅓，以手掌根部按壓折疊的麵團邊緣使其貼合。

14 麵團轉動180度，同樣地折疊⅓使其貼合。

15 由外側朝內對折，並確實按壓麵團邊緣使其閉合。

16 一邊由上往下輕輕按壓，一邊前後滾動麵團，使其成為單邊較細的12cm棒狀。靜置於室溫下5分鐘。

＊要注意不要將麵團滾動得過細。

＊若麵團有乾燥情況，因應必要可以覆蓋塑膠袋。

17 較細的一端朝向自己，由中央朝外側地以擀麵棍擀壓。

18 手扶握在麵團中央，邊拉長麵團邊用擀麵棍由中央向自己的方向擀壓。

＊扶握在麵團上的手，逐漸朝自己拉長麵團。

＊為能確實排出氣體，兩面都以擀麵棍擀壓。

19 接口處朝上地將少許邊緣由外側折入，並輕輕按壓。

＊過度強力按壓時，會導致中央部分發酵不足，造成柔軟內側的過度緊實。

20 邊輕輕按壓邊朝自己的方向捲起麵團。

＊過度用力按壓會導致麵團過度緊實不易發酵。

21 捲動完成後捏緊接口處使其閉合。

22 接口處朝下地排放在烤盤上。

最後發酵

23 在溫度38℃、濕度75%的發酵室內，使其發酵60分鐘。

＊發酵不足時，可能會造成烘焙時捲起的部分產生裂紋，所以須使其充分發酵。

烘焙

24 以上火230℃、下火190℃的烤箱，放入蒸氣，烘烤10分鐘（H）。

＊蒸氣過多時，捲紋無法漂亮呈現，過少時體積無法膨脹，捲起處也會產生裂紋。

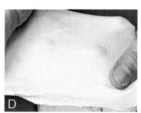

維也納麵包
Pain viennois

麵包名稱的原意是「維也納風格的麵包」。

在19世紀中期，住在巴黎的奧地利人非常懷念維也納，

所以請認識的麵包店製作出這款麵包。整型成棒狀，劃切出較深且多的割紋，

就形成了獨特的外觀特徵。

以前多半是使用LEAN類（低糖油配方），

最近開始偏向採取RICH類（高糖油）配方進行製作，

像餐包般的配方也蔚為主流。

製法	直接法
材料	3kg用量（95個）

	配方（%）	分量（g）
法國麵包用粉	100.0	3000
砂糖	6.0	180
鹽	2.0	60
脫脂奶粉	5.0	150
奶油	5.0	150
酥油	5.0	150
新鮮酵母	3.0	90
雞蛋	5.0	150
水	59.0	1770
合計	190.0	5700

攪拌	直立式攪拌機 1速3分鐘　　2速3分鐘 油脂　2速2分鐘　3速6分鐘 揉和完成溫度26℃
發酵	60分　28～30℃　75%
分割	60g
中間發酵	15分鐘
整型	棒狀（18cm）
最後發酵	40分鐘　35℃　75%
烘焙	14分鐘 上火230℃　　下火190℃ 蒸氣

維也納麵包的剖面

表面劃切出較深的割紋，在烘焙時擴展開
成為略呈三角形的剖面。表層外皮厚，而
柔軟內側的氣泡越接近底部越細緻，越接
近上端越粗大。

攪拌

1 除了奶油和酥油以外的材料放入攪拌缽盆中，以1速攪拌3分鐘。

＊雖然整合成團，但表面仍粗糙。

2 取1的部分麵團延展確認麵團狀態。

＊沾黏且連結較弱，無法薄薄地延展。

3 以2速攪拌3分鐘。

＊攪拌時缽盆底部的麵團彷彿剝離般，表面呈滑順狀態。

4 確認3的麵團狀態。

＊可以薄薄地延展開，但仍不均勻。

5 添加奶油、酥油，以2速攪拌2分鐘。

＊開始混拌油脂，麵團也變得容易撕裂。

6 確認5的麵團狀態。

＊想要延展開麵團時都會產生撕裂狀態。因為添加油脂，使得麵團變得柔軟。

7 以3速攪拌6分鐘。

＊再次成為攪拌時缽盆底部的麵團彷彿剝離，表面呈滑順狀態。

8 確認7的麵團狀態。

＊能薄且均勻地延展。

9 使表面緊實地整合麵團，放入發酵箱內。

＊揉和完成的溫度目標為26℃。

發酵

10 在溫度28～30℃、濕度75%的發酵室內，使其發酵60分鐘。

＊已膨脹至能殘留手指痕跡的程度。

分割・滾圓

11 將麵團取出至工作檯上，分切成60g。

12 確實滾圓麵團。

滾圓前　　　滾圓後

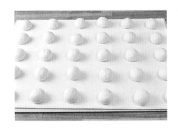

13 排放在鋪有布巾的板子上。

中間發酵

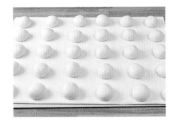

14 放置於與發酵時相同條件的發酵室內，靜置15分鐘。

＊充分靜置至麵團緊縮的彈力消失為止。

整型

15 用手掌按壓麵團，排出氣體。

16 平順光滑面朝下，由外側朝中央折入⅓，以手掌根部按壓折疊的麵團邊緣使其貼合。麵團轉動180度，同樣地折疊⅓使其貼合。

17 由外側朝內對折，並確實按壓麵團邊緣使其閉合。

18 一邊由上往下輕輕按壓，一邊滾動麵團，使其成為18cm棒狀。

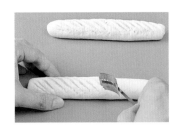

19 接口處朝下地排放在烤盤上，斜向地仔細劃切割紋。

＊與麵團呈垂直地劃切2～3mm深的割紋。

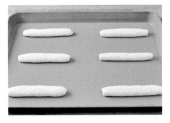

20 最後發酵前的狀態。

最後發酵

21 在溫度35℃、濕度75%的發酵室內，使其發酵40分鐘。

＊應使其充分發酵，但過度發酵時會使麵團坍軟，而無法烘焙出漂亮的形狀。

烘焙

22 以上火230℃、下火190℃的烤箱，放入蒸氣，烘烤14分鐘。

牛奶麵包
Pain au lait

在法文當中，正如其名是帶著牛奶風味、口感輕盈的牛奶麵包。
法國飯店內的早餐，常會與吐司、可頌等一起盛放在麵包籃中上桌。
添加大量牛奶的牛奶麵包，不愧是酪農業興盛的法式麵包。

製法　直接法

材料　3kg用量（98個）

	配方（%）	分量（g）
法國麵包用粉	100.0	3000
砂糖	10.0	300
鹽	2.0	60
脫脂奶粉	5.0	150
奶油	15.0	450
新鮮酵母	3.0	90
蛋黃	6.0	180
水	55.0	1650
合計	196.0	5880

蛋液

攪拌	直立式攪拌機 1速3分鐘　2速3分鐘　3速3分鐘 油脂　2速2分鐘　3速5分鐘 揉和完成溫度26℃
發酵	90分（60分鐘時壓平排氣） 28～30℃　75%
分割	60g
中間發酵	15分鐘
整型	棒狀（15cm）
最後發酵	50分鐘　38℃　75%
烘焙	刷塗蛋液 用剪刀剪出切口 10分鐘 上火225℃　下火180℃

牛奶麵包的剖面

柔軟內側的氣泡，相較於以擀麵棍或壓麵
機擀壓的麵包稍微粗大一些。因為用剪刀
在上部剪出切口，因此附近略有隆起。

攪拌

1　除了奶油以外的材料放入攪拌缽盆中，以1速攪拌3分鐘。取部分麵團延展確認狀態。

＊麵團沾黏且連結較弱。

2　以2速攪拌3分鐘，確認麵團狀態。

＊材料均勻混拌，但仍沾黏。開始略有連結。

3　以3速攪拌3分鐘，確認麵團狀態。

＊不再沾黏，麵團開始能延展開但仍厚。

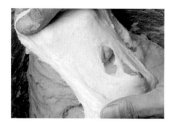

4　添加奶油，以2速攪拌2分鐘，確認麵團狀態。

＊因為添加了油脂，麵團的連結弱，也變得容易撕裂。

5　以3速攪拌5分鐘，確認麵團狀態。

＊麵團略厚但已能均勻地延展開了。

6　使表面緊實地整合麵團，放入發酵箱內。

＊揉和完成的溫度目標為26℃。

發酵

7　在溫度28～30℃、濕度75%的發酵室內，使其發酵60分鐘。

＊確認其膨脹至能殘留手指痕跡的程度。

壓平排氣

8　按壓全體，從左右朝中央折疊進行〝較輕的壓平排氣〞（→P.40），再放回發酵箱內。

＊為了能做出嚼感及口感良好的麵包，應避免對麵團過度施力，較一般軟質系列麵包稍弱一點的力道即可。

發酵

9　放回相同條件的發酵室內，再繼續發酵30分鐘。

＊已膨脹至能殘留手指痕跡的程度。

分割・滾圓

滾圓前　　　滾圓後

10　將麵團取出至工作檯上，分切成60g。確實滾圓麵團。

11　排放在舖有布巾的板子上。

中間發酵

12　放置於與發酵時相同條件的發酵室內，靜置15分鐘。

＊充分靜置麵團至緊縮的彈力消失為止。

整型

13 用手掌按壓麵團，排出氣體。

14 平順光滑面朝下，由外側朝中央折入⅓，以手掌根部按壓折疊的麵團邊緣使其貼合。

15 麵團轉動180度，同樣地折疊⅓使其貼合。

16 由外側朝內對折，並確實按壓麵團邊緣使其閉合。

17 一邊由上往下輕輕按壓，一邊滾動麵團，使其成為15cm棒狀。

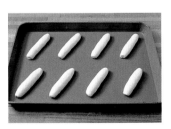

18 接口處朝下地排放在烤盤上。

最後發酵

19 在溫度38℃、濕度75%的發酵室內，使其發酵50分鐘。

＊因放入烘焙前，要用剪刀剪出切口，所以可以略早一點地完成最後發酵。

烘焙

20 用刷子刷塗蛋液。

21 用剪刀剪出切口。

＊剪刀會沾黏麵團不易使用時，可以先將刀刃浸泡蛋液後再使用。

22 以上火225℃、下火180℃的烤箱，放入蒸氣，烘烤10分鐘。

辮子麵包
Zopf

在歐洲各地是相當常見的編織麵包，本來是為了祭祀而製作，
歷史可追溯至古希臘、羅馬時代。
模仿女性的頭髮，三股編織而成的裝飾麵包。
在德國，三股編織的辮子麵包非常具代表性，
RICH類（高糖油）配方的甜麵包，常見添加了葡萄乾的辮子麵包。

製法 直接法

材料 3kg用量（45個）

	配方(%)	分量(g)
法國麵包用粉	100.0	3000
砂糖	16.0	480
鹽	1.5	45
脫脂奶粉	4.0	120
奶油	15.0	450
新鮮酵母	3.0	90
雞蛋	20.0	600
水	38.0	1140
無子葡萄乾（Sultana）	30.0	900
合計	**227.5**	**6825**

蛋液

攪拌	直立式攪拌機 1速3分鐘 2速2分鐘 3速4分鐘 油脂 2速2分鐘 3速4分鐘～ 葡萄乾 2速1分鐘～ 揉和完成溫度26℃
發酵	60分 28～30℃ 75%
分割	50g
中間發酵	15分鐘
整型	三股編織
最後發酵	40分鐘 38℃ 75%
烘焙	刷塗蛋液 撒上杏仁果和珍珠糖粒 12分鐘 上火210℃ 下火180℃

預備作業

· 無子葡萄乾先用溫水洗淨，再用網篩瀝乾水分。
· 杏仁果切成粗粒。

辮子麵包的剖面

因為是由棒狀麵團所編織成型，柔軟內側
有幾個斷層組成，氣泡的密度也會不同。
像辮子麵包般，中型麵包的烘焙時間較
長，因此表層外皮也略厚。

攪拌

1　除了奶油和葡萄乾以外的材料放入攪拌缽盆中，以1速攪拌。

2　攪拌3分鐘後。取部分麵團延展確認狀態。

＊因為是雞蛋配方較多的麵團，所以相當沾黏且延展時麵團就破損了。

3　以2速攪拌2分鐘，確認麵團狀態。

＊雖然連結變強，但仍是沾黏狀態。

4　以3速攪拌4分鐘，確認麵團狀態。

＊不再沾黏，開始能薄薄延展開麵團，但仍不均勻。

5　添加奶油，以2速攪拌2分鐘，確認麵團狀態。

＊因添加了較多油脂，麵團的連結變弱，延展時也容易破損。

6　以3速攪拌4分鐘，確認麵團狀態。

＊麵團連結再次變強，可以薄薄而均勻地延展開了。

7　加入無子葡萄乾，以2速攪拌。

＊混拌至全體均勻時即完成。

8　表面緊實地整合麵團，放入發酵箱內。

＊揉和完成的溫度目標為26℃。

發酵

9　在溫度28～30℃、濕度75%的發酵室內，使其發酵60分鐘。

＊膨脹至能殘留手指痕跡的程度。

分割・滾圓

10　將麵團取出至工作檯上，分切成50g。

11　確實滾圓麵團。

滾圓前　　滾圓後

12　排放在舖有布巾的板子上。

中間發酵

13 放置於與發酵時相同條件的發酵室內,靜置15分鐘。

＊充分靜置麵團至緊縮的彈力消失為止。

17 在室溫下靜置5分鐘。

＊若麵團變得乾燥時,可視狀況覆蓋塑膠袋。

整型

14 用手掌按壓麵團,排出氣體。

18 用手掌按壓麵團,排出氣體。由外側朝內對折,用手掌根部按壓麵團緣使其閉合。

＊接口處若有葡萄乾則無法完整地閉合,請多加留意。

15 平順光滑面朝下,由外側朝中央折入⅓,以手掌根部按壓折疊的麵團邊緣使其貼合。麵團轉動180度,同樣地折疊⅓使其貼合。

19 邊由上輕輕按壓,邊用兩手滾動麵團,使其成為兩端略細22cm長的棒狀。

16 由外側朝內對折,並確實按壓麵團邊緣使其閉合。使其成為10cm棒狀。

＊葡萄乾露出表面烘烤時會焦黑,所以必須使其包覆於麵團中。

20 接口處朝上地並排3條麵團,先編織靠近自己的一半麵團,完成後確實使邊緣緊密貼合。

＊編法請參考下方插畫。

辮子麵包的編法

1 3條麵團平行擺放。由左起依序為a、b、c。

2 將c交叉至b上。

3 將a與b平行地放置在c上。

4 將b與c平行地放置在a上。

5 將c與a平行地放置在b上。

6 如4和5般,重覆將最外側的麵團左右交錯地拉入內側,編至尾端。

7 將靠近自己方向的麵團轉至外側,朝上的編織面成為朝下擺放。

8 重覆6的動作編織完其餘部分。

21 將靠近自己的麵團轉至外側，閉合接口處朝下地改變方向，其餘半邊同樣以3股編織完成，並使邊緣緊密貼合。

＊編法請參照P.122的插畫。

22 整型，使閉合接口處朝下地排放在烤盤上。

最後發酵

23 在溫度38℃、濕度75%的發酵室內，使其發酵40分鐘。

＊過度發酵會導致編織紋路消失，因此可以略早地完成發酵。

烘焙

24 用刷子刷塗蛋液，撒上杏仁粒和珍珠糖粒。

＊沿著編織形狀仔細地刷塗。

25 以上火210℃、下火180℃的烤箱，烘烤12分鐘。

罌粟籽排狀麵包
Einback

數條至10條小型棒狀麵團並排烘焙而成的麵包。
等間距放置的麵團發酵後烘焙,各自膨脹起來而貼合成一個大型麵包。
在德國會一條條撕下享用,而其餘變硬的,會製作成麵包餅乾(rusk),
是大家最常食用的方法。

製法 直接法

材料 2kg用量(15個)

	配方(%)	分量(g)
法國麵包用粉	100.0	2000
砂糖	16.0	320
鹽	1.8	36
脫脂奶粉	6.0	120
奶油	20.0	400
新鮮酵母	3.5	70
蛋黃	15.0	300
水	42.0	840
合計	204.3	4086

蛋液、罌粟籽(白)

攪拌	直立式攪拌機 1速3分鐘 2速3分鐘 3速2分鐘 油脂 2速2分鐘 3速5分鐘 揉和完成溫度26℃
發酵	50分 28〜30℃ 75%
分割	30g
中間發酵	15分鐘
整型	棒狀(12cm)9條
最後發酵	50分鐘 35℃ 75%
烘焙	刷塗蛋液 撒上罌粟籽 15分鐘 上火210℃ 下火180℃

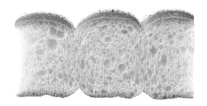

罌粟籽排狀麵包的剖面

蛋黃配方較多,所以是較硬的麵團,表層
外皮也略厚。柔軟內側是類似蜂蜜蛋糕般
的粗粒口感,更因為蛋黃而使得顏色略帶
黃色。

攪拌

1 除了奶油以外的材料放入攪拌缽盆中，以1速攪拌。

2 攪拌3分鐘後。取部分麵團延展確認狀態。
＊因為麵團配方中蛋黃較多，所以相當沾黏且延展時麵團就破損了。

3 以2速攪拌3分鐘，確認麵團狀態。
＊雖然連結變強，但仍是沾黏狀態。

4 以3速攪拌2分鐘，確認麵團狀態（A）。
＊不再沾黏，開始能薄薄延展開麵團但仍不均勻。

5 添加奶油，以2速攪拌2分鐘，確認麵團狀態（B）。
＊因添加了較多油脂，麵團的連結變弱，延展時也容易破損。

6 以3速攪拌5分鐘，確認麵團狀態（C）。
＊因油脂、蛋黃較多，麵團再次連結需要一點時間，攪拌至可以薄薄而均勻地延展開麵團為止。

7 表面緊實地整合麵團，再放入發酵箱內（D）。
＊揉和完成的溫度目標為26℃。

發酵

8 在溫度28～30℃、濕度75%的發酵室內，使其發酵50分鐘（E）。
＊膨脹至能殘留手指痕跡的程度。

分割‧滾圓

9 將麵團取出至工作檯上，分切成30g。

10 確實滾圓麵團。

11 排放在舖有布巾的板子上。

中間發酵

12 放置於與發酵時相同條件的發酵室內，靜置15分鐘。
＊充分靜置麵團至緊縮的彈力消失為止。

整型

13 用手掌按壓麵團，排出氣體。

14 平順光滑面朝下，由外側朝中央折入⅓，以手掌根部按壓折疊的麵團邊緣使其貼合。

15 麵團轉動180度，同樣地折疊⅓使其貼合。

16 由外側朝內對折，並確實按壓麵團邊緣使其閉合。

17 一邊由上往下輕輕按壓，一邊滾動麵團，使其成為12cm的棒狀。

18 閉合接口處朝下地排放在烤盤上（F）。
＊麵團與麵團間隔少許地等距放置。發酵完成時正好全部麵團貼合即可。

最後發酵

19 在溫度35℃、濕度75%的發酵室內，使其發酵50分鐘（G）。
＊發酵不足時，閉合接口處會裂開，而無法充分膨脹。

烘焙

20 用刷子刷塗蛋液，撒上罌粟籽（H）。

21 以上火210℃、下火180℃的烤箱，烘烤15分鐘。

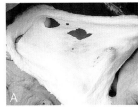

A

B

C

D

E

F

G

H

糕點麵包（菓子麵包）

紅豆餡麵包　奶油餡麵包　墨西哥麵包　菠蘿麵包

誕生於日本的糕點麵包（菓子麵包），明治7年由銀座木村屋總本店第一代－
木村安兵衛，將麵種運用在麵包麵團中，開始創造出酒種紅豆麵包。
之後包了卡士達奶油餡的奶油餡麵包、覆蓋上餅乾麵團的菠蘿麵包等，
接二連三地問世，糕點麵包（菓子麵包）進而席捲了全日本。

製法	發酵種法（中種法）		
材料	3kg用量（137個）		

	配方(%)	分量(g)
● 中種		
高筋麵粉	70.0	2100
上白糖	5.0	150
新鮮酵母	3.0	90
水	40.0	1200
● 正式麵團		
高筋麵粉	20.0	600
低筋麵粉	10.0	300
上白糖	20.0	600
鹽	1.5	45
脫脂奶粉	2.0	60
煉乳	5.0	150
奶油	5.0	150
酥油	5.0	150
雞蛋	12.0	360
蛋黃	5.0	150
水	2.0	60
合計	205.5	6165

● 填充內餡與表面裝飾	
紅豆粒餡（市售）	45g／個
卡士達奶油餡（→P.131）	
餅乾麵團（→P.132）	
菠蘿麵團（→P.132）	
蛋液、罌粟籽（白）、細砂糖（粗粒）	

從右上起順時針為菠蘿麵包、紅豆餡麵包、墨西哥麵包、奶油餡麵包

紅豆餡與奶油餡麵包的剖面

麵團、內餡、麵團各為3：4：3的比例是最理
想的狀態。此種糕點麵包（菓子麵包）在烘焙過
程中，會因內餡產生的水蒸氣，使得內餡上部與
麵團之間產生某個程度的空隙。

墨西哥麵包與菠蘿麵包的剖面

餅乾麵團與菠蘿麵團都是以均勻厚度覆蓋在表
面，形成表層外皮。以整體而言，都能取得良好
的均衡感。整型時麵團僅滾圓而已，因此柔軟內
側中仍自然地存在著大大小小的氣泡。

中種的攪拌	直立式攪拌機
	1速3分鐘　2速2分鐘
	揉和完成溫度24℃
發酵	90分鐘　25℃　75%
正式麵團攪拌	直立式攪拌機
	1速3分鐘　2速3分鐘　3速3分鐘
	油脂　2速2分鐘　3速5分鐘
	揉和完成溫度28℃
發酵（floor time）	
	40分　28～30℃　75%
分割	45g
中間發酵	15分鐘
整型	請參照製作方法
最後發酵	60分鐘
	38℃（菠蘿麵包35℃）
	75%（菠蘿麵包50%）
烘焙	◆紅豆餡麵包
	刷塗蛋液，撒上罌粟籽
	10分鐘
	上火220℃　下火170℃
	◆奶油餡麵包
	刷塗蛋液
	10分鐘
	上火220℃　下火170℃
	◆餅乾麵包
	絞擠上餅乾麵團
	12分鐘
	上火200℃　下火170℃
	◆菠蘿麵包
	12分鐘
	上火190℃　下火170℃

中種的攪拌

1　中種的材料放入攪拌缽盆內，以1速攪拌3分鐘。

＊全部材料大致混拌即可。麵團連結較弱，慢慢地拉開時，麵團無法延展地被扯斷。

2　以2速攪拌2分鐘，確認麵團狀態。

＊材料均勻混合，可以整合成團即可。

3　取出麵團，使表面緊實地整合成團，放入發酵箱內。

＊揉和完成的溫度目標為24℃。

發酵

4　在溫度25℃、濕度75%的發酵室內，使其發酵90分鐘。

＊確認麵團充分膨脹。

正式麵團攪拌

5　除了奶油和酥油以外的正式麵團材料與4的中種放入攪拌缽盆內，以1速攪拌。

6　攪拌3分鐘，取部分麵團拉開延展以確認狀態。

＊材料尚未完全混拌，麵團也相當沾黏。

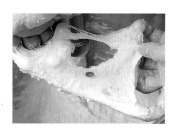

7 以2速攪拌3分鐘,確認麵團狀態。

*材料已經均勻混合,麵團仍沾黏,連結力較弱。

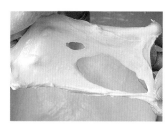

8 以3速攪拌3分鐘,確認麵團狀態。

*麵團整合成團,麵團連結增強,但延展時即會破損。

9 加入奶油、酥油以2速攪拌2分鐘,確認麵團狀態。

*添加油脂使得麵團變得柔軟。

10 以3速攪拌5分鐘,確認麵團狀態。

*非常光滑平順,可以延展成薄膜狀態。

11 使表面緊實地整合麵團,放入發酵箱。

*揉和完成的溫度目標為28℃。

發酵(floor ti me)

12 在溫度28～30℃、濕度75%的發酵室內,使其發酵40分鐘。

*沾黏的情況幾乎消失,手指按壓痕跡得以殘留地充分膨脹。

分割‧滾圓

13 將麵團取出至工作檯上,分切成45g。

14 確實滾圓麵團。

*確實排氣並滾圓。

滾圓前　　　滾圓後

15 排放在舖有布巾的板子上。

中間發酵

16 放入與發酵時相同條件的發酵室靜置15分鐘。

*充分靜置麵團至緊縮的彈力消失為止。

整型—紅豆餡麵包

17 用手掌按壓麵團,排出氣體。平順光滑面朝下地擺放在手掌上,以刮杓舀起內餡填入麵團中央。

*內餡滿滿地放置於麵團中央處。

18 彎曲手掌,用刮杓將內餡按壓填入。

*麵團邊緣沾到內餡時會導致不易閉合。內餡過少時,可在此時補充。填入過多內餡或過度用力填壓時,會導致麵團的破損。

19 集中麵團邊緣，捏緊閉合。

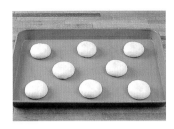

20 接口處朝下地排放在烤盤上，並輕輕按壓使其平整。

最後發酵──紅豆餡麵包

21 在溫度38℃、濕度75%的發酵室內，使其發酵60分鐘。

＊沒有充分發酵時，接口處可能會裂開流出內餡。

烘焙──紅豆餡麵包

22 用刷子刷塗蛋液，用前端濡濕的擀麵棍沾取罌粟籽，按壓在麵團中央。

23 以上火220℃、下火170℃的烤箱，烘烤10分鐘。

整型──奶油餡麵包

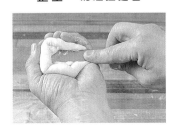

24 依紅豆餡麵包的17～18的要領，將奶油餡壓入麵團中。

＊填入奶油餡的注意要點與紅豆餡麵包相同，但奶油餡比紅豆餡更柔軟，因此必須要更注意按壓的力道，以免內餡溢出。

25 用雙手的姆指與食指夾住般地按壓麵團邊緣。

26 放置於工作檯上，用雙手確實按壓使麵團閉合，整型。

27 用刮刀在麵團邊緣割劃出切口。

＊切口若沒有深入劃切至內餡邊緣，就無法呈現漂亮的形狀。

28 排放在烤盤上。

最後發酵──奶油餡麵包

29 在溫度38℃、濕度75%的發酵室內，使其發酵60分鐘。

＊沒有充分發酵時，接口處可能會裂開，流出奶油餡。

烘焙──奶油餡麵包

30 用刷子刷塗蛋液。

31 以上火220°C、下火170°C的烤箱，烘烤10分鐘。

整型—菲西哥麵包

32 平順光滑面朝上地擺放在手掌上，輕輕地按壓排氣並滾圓。

＊確實滾成漂亮的圓形。

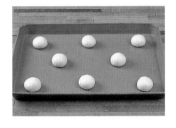

33 捏緊底部閉合，接口處朝下地排放在烤盤上。

最後發酵—菲西哥麵包

34 在溫度38°C、濕度75%的發酵室內，使其發酵60分鐘。

＊充分地使其發酵，過度發酵時，麵團不會呈漂亮的半圓形，入口的口感也會受到影響。

烘焙—菲西哥麵包

35 將餅乾麵團裝入放好直徑9mm擠花嘴的擠花袋內，從中央處開始絞擠出渦旋狀。

36 以上火200°C、下火170°C的烤箱，烘烤12分鐘。

＊烘烤完成時，連同烤盤一起由10cm左右高度向下落在桌上給予衝擊，以防止麵包的凹陷。

整型—菠蘿麵包

37 菠蘿麵包麵團揉和成柔軟狀態，並滾圓。按壓後使其成為較麵包麵團略小的扁平狀。

38 將菠蘿麵團覆蓋在麵包麵團上，用手掌按壓使其密切貼合。

39 放置在手掌上，使菠蘿麵團完全覆蓋麵團地滾圓。

＊覆上菠蘿麵團後或許不容易看清楚，但和平常的滾圓整型相同，進行滾圓即可。

40 捏緊底部閉合，抓住底部接口處地在表面沾裹上細砂糖。

41 接口處朝下地排放在烤盤上，表面用刮勺壓出格子狀。

42 最後發酵前的狀態。

最後發酵 — 菠蘿麵包

43 在溫度35℃、濕度50% 的發酵室內,使其發酵60分鐘。

＊以菠蘿麵團不會融化的溫度、表面細砂糖不會溶解的溫度來進行發酵。

烘焙 — 菠蘿麵包

44 以上火190℃、下火 170℃的烤箱,烘烤12分鐘。

＊烘烤完成時,連同烤盤一起由 10cm左右高度向下落在桌上給予衝擊,以防止麵包的凹陷。

奶油餡麵包用
卡士達奶油餡

材料 （20個）

牛奶	500g
香草莢	½支
蛋黃	120g
蛋白	30g
砂糖	140g
低筋麵粉	25g
玉米粉	15g
奶油	25g

1 香草莢縱向對切刮出香草籽。

2 將牛奶、香草莢和香草籽放入鍋中,以中火加熱。

3 在缽盆內放入蛋黃和蛋白,以攪拌器攪打均勻,加入砂糖(A),攪打至顏色轉白確實混合。

4 在3當中加入低筋麵粉和玉米粉混拌。

5 少量逐次地加入煮至沸騰前的2並混拌(B)。

6 將5過濾至2加熱牛奶的鍋中,以中火加熱。邊用攪拌器攪拌,邊煮至沸騰。

7 煮至出現光澤且呈光滑的乳霜狀時,熄火,加入奶油混拌(C)。

8 倒入方型淺盤中(D),表面緊貼著覆上保鮮膜,並墊放冷水使其冷卻。

餅乾麵團

材料 （20個）

奶油	150g
砂糖	150g
蛋黃	50g
蛋白	70g
香草精	少量
低筋麵粉	150g

1 將放至成室溫的奶油放入缽盆中，以攪拌器攪打至滑順。

2 分數次加入砂糖混拌（A），確實攪拌至顏色轉淺。

3 混合打散的蛋黃和蛋白，邊少量逐次地加入2當中邊，進行攪打（B）。

4 添加香草精混拌。

5 加入低筋麵粉（C），混拌至麵團呈平順光滑為止（D）。

菠蘿麵團

材料 （23個）

奶油	70g
砂糖	130g
蛋黃	30g
蛋白	40g
檸檬皮（磨成屑狀）	¼小匙
香草精	少量
低筋麵粉	240g

1 放至回復室溫的奶油放入缽盆中，以攪拌器攪打至滑順。

2 分次加入砂糖並確實混拌。

3 打散蛋黃和蛋白，逐次少量地加入2並混拌（A）。

4 加入檸檬皮、香草精混拌。

5 加入低筋麵粉，以刮板切拌式地進行混拌（B）。混拌至粉類完全消失（C）。

6 放入塑膠袋內壓至平整（D），放至冷藏庫冷卻凝固。

7 分割成22g（E）後滾圓，再次放入冰箱冷藏。

8 使用前30分鐘取出，在室溫中放至軟化。

9 使用時，先在手掌上輕輕揉和使其軟化（F）。揉和前可以撕開麵團（G），但揉和後麵團就具延展性了（H）。

皮力歐許
Brioche

皮力歐許源自法國諾曼第地區。
在19世紀初，由天才料理人與糕點專家Marie-Antoine Carême
製作介紹給大眾。
現今在法國，仍是大量使用奶油、雞蛋等製作而成的糕點麵包（菓子麵包）之一，
無論是在麵包店（boulangerie）或糕餅舖（pâtisserie）都可以看得到。

製法　直接法

材料　1.5kg用量（89個）

	配方（%）	分量（g）
法國麵包用粉	100.0	1500.0
砂糖	10.0	150.0
鹽	2.0	30.0
脫脂奶粉	3.0	45.0
奶油	50.0	750.0
新鮮酵母	3.5	52.5
雞蛋	25.0	375.0
蛋黃	10.0	150.0
水	34.0	510.0
合計	237.5	3562.5

蛋液

攪拌	直立式攪拌機 1速3分鐘　2速3分鐘　3速8分鐘 油脂　　2速2分鐘　3速8分鐘 揉和完成溫度24°C
發酵	30分　25°C　75% 發酵後壓平排氣
冷藏發酵	18小時（±3小時）　5°C
分割	40g
中間發酵	30分鐘
整型	請參照製作方法
最後發酵	60分鐘　30°C　75%
烘焙	刷塗蛋液 12分鐘 上火220°C　下火230°C

預備作業

・奶油從冷藏庫取出，用擀麵棍敲打冷卻狀態下
的奶油使其軟化。
＊長時間攪拌容易使麵團溫度升高，因此添加的奶油先
使其為冰涼的柔軟狀態。
・在模型（口徑8cm）中塗抹奶油。

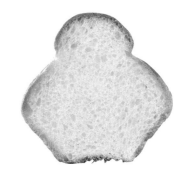

皮力歐許的剖面

以含較多雞蛋、奶油的麵團確實烘焙完成，
因此有著厚且鬆脆的表層外皮，柔軟內側也
是略呈粗糙狀。蛋黃較多因此略帶黃色。

攪拌

1 除了奶油以外的材料放入攪拌缽盆中，以1速攪拌3分鐘。取部分麵團延展以確認狀態。

＊因為是雞蛋配方較多的麵團，所以相當沾黏且延展時麵團就破損了。

2 以2速攪拌3分鐘，確認麵團狀態。

＊雖然連結變強，但仍是沾黏狀態。

3 以3速攪拌8分鐘，確認麵團狀態。

＊不再沾黏，開始能均勻且薄薄地延展開。

4 添加奶油，以2速攪拌2分鐘，確認麵團狀態。

＊因添加了大量油脂，麵團的連結變弱，延展時也容易破損。非常柔軟的狀態。

5 以3速攪拌。過程中麵團溫度變高時，可以在缽盆底下墊放冰水使其冷卻。

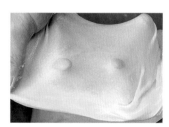

6 經過8分鐘後，確認麵團狀態。

＊光滑平順，可以非常薄地延展開麵團。

7 表面緊實地整合麵團，放入發酵箱內。

＊揉和完成的溫度目標為24℃。

發酵

8 在溫度25℃、濕度75%的發酵室內，使其發酵30分鐘。

壓平排氣

9 按壓全體，從左右朝中央折疊進行〝稍強的壓平排氣〞（→P.40），擺放在烤盤上。再次按壓全體使其平整地放入塑膠袋內。

＊為使能均勻冷卻地使麵團整體厚度均勻。壓平排氣後，再次按壓，形成強力的壓平排氣。

冷藏發酵

10 放入溫度5℃的冷藏庫內，使其發酵18小時。

＊因為是非常柔軟的麵團，冷卻變硬後會更方便作業，所以採取冷藏發酵。

＊發酵時間基本為18小時，可以在15～21小時間進行調整。

分割

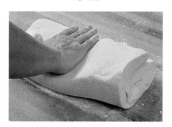

11 為方便進行分割作業地將麵團適當地切分折疊，用手按壓至2cm厚的程度。

按壓前　　　按壓後

12 分切成40g，輕輕按壓。排放在鋪有布巾的板子上，並覆蓋上塑膠袋。

＊按壓是為了使麵團變薄而能較快鬆弛。

中間發酵

13 在室溫下靜置30分鐘。
＊麵團溫度緩緩上升，延展性也隨之恢復。中央溫度達18～20℃即可。

整型

14 用手掌按壓麵團，確實排出氣體。以平順光滑面做為表面地滾圓，並捏合麵團底部。
＊使表面緊實地確實進行滾圓。

15 側面放置麵團以閉合接口處，利用小指側面前後滾動麵團，在閉合接口處的⅔處做出凹陷。

16 將麵團滾動至即將切分開來的狀態。

17 拿起麵團，將較大的部分放入模型中。

18 小的麵團則是按壓至大麵團中央。
＊指尖觸及模型底部地按壓。

19 排放在烤盤上。

最後發酵

20 在溫度30℃、濕度75%的發酵室內，使其發酵60分鐘。
＊溫度過高會使奶油融出，烘焙完成時會變得融油四溢。

烘焙

21 用刷子刷塗蛋液。

22 以上火220℃、下火230℃的烤箱，烘烤12分鐘。

皮力歐許的各式名稱

皮力歐許，依其形狀而有各種名稱。在此介紹的是連著頭部的「Brioche à tête」。其他具代表性的形狀，還有如圓筒形的「Brioch moussereine」、皇冠形的「brioche couronne」、箱型的「Brioche Nanterre」等。

皮力歐許麵團也常運用在料理上，像是包覆香腸的「Saucisson brioché」、包覆鮭魚、蘑菇和米等烘烤而成的「Koulibiac de saumon」等等，都非常有名。

葡萄乾皮力歐許
Pain aux raisins

是法國具代表性的Viennoiserie糕點麵包(菓子麵包)。
在麵團上塗抹卡士達奶油餡或杏仁奶油餡,
再散放上葡萄乾,捲起後切開烘焙而成,
麵團與奶油層疊的旋渦狀是最大的特徵。

製法　直接法

材料　1.5kg用量(60個)
與皮力歐許相同。請參考P.133的材料表

● 內餡(1條用量＝20個)

卡士達奶油餡(→P.137)	300g
無子葡萄乾(浸漬蘭姆酒)＊	150g

蛋液、糖粉

＊用水沖洗過的無子葡萄乾浸漬在蘭姆酒內。可依
個人喜好來決定浸漬的時間。瀝乾後使用。

攪拌	與皮力歐許相同 請參照P.133的製程表
分割	1150g
冷藏發酵	18小時(±3小時)　5℃
整型	請參照製作方法
最後發酵	50分鐘　30℃　75%
烘焙	刷塗蛋液 12分鐘 上火230℃　下火180℃

葡萄乾皮力歐許的剖面

麵團捲起後,麵包與奶油餡均勻呈現
即可。

攪拌～發酵

1 依皮力歐許的製作方法 1～8(→P.134)同樣地進行。

分割・滾圓

2 將麵團取出至工作檯上，分切成1150g。

3 輕輕滾圓麵團。

4 排放在烤盤上並輕輕按壓(A)，連同烤盤一起放入塑膠袋內。

＊為使能均勻冷卻而儘可能使其變薄。

冷藏發酵

5 放入溫度5℃的冷藏庫內，使其發酵18小時(B)。

＊因為是非常柔軟的麵團，冷卻變硬後會更方便作業，所以採取冷藏發酵。

＊發酵時間基本為18小時，可以在15～21小時間進行調整。

整型

6 將麵團取出至工作檯上，用擀麵棍擀壓出十字形狀(C)。

＊麵團中央⅓處用擀麵棍擀壓，麵團轉動90度，同樣地在中央⅓處用擀麵棍擀壓。

7 其餘四角，各從中央朝邊緣，斜向45度方向擀壓出角度，就成了長方形。

8 用壓麵機將麵團擀壓成寬25cm、厚5mm的大小。

＊雖然需要重覆幾次地進行，但若是沒有儘快作業，麵團會變軟而難以操作。

9 將麵團橫放在工作檯上，靠近自己的2cm麵團，用擀麵棍擀壓成薄平狀態。

10 除了薄平部分之外，全部塗抹上卡士達奶油餡，並撒放無子葡萄乾。

11 從外側朝自己捲起(D)。靠近自己的2cm麵團用毛刷塗抹水分，使麵團捲好時，能貼合固定。

12 做出20等分(寬3cm)的記號(E)，並以刀子分切(F)。

13 排放在舖有烤盤紙的烤盤上(G)。

＊發酵時橫幅會變大，所以必須有充分的間隔。

最後發酵

14 在溫度30℃、濕度75%的發酵室內，使其發酵50分鐘(H)。

＊溫度過高會使奶油融出，烘焙完成時會變得融油四溢。

烘焙

15 用刷子刷塗蛋液。

＊蛋液不止表面，連側面也要刷塗。

16 以上火230℃、下火180℃的烤箱，烘烤12分鐘。

＊冷卻後可依各人喜好撒上糖粉。

卡士達奶油餡

材料 （650g）

牛奶	500g
香草莢	½支
蛋黃	120g
砂糖	150g
低筋麵粉	50g

1 香草莢縱向對切刮出香草籽。

2 將牛奶、香草莢和香草籽放入鍋中，以中火加熱。

3 在缽盆內放入蛋黃，以攪拌器攪打均勻，加入砂糖，攪打至顏色轉淺確實混合。

4 在3當中加入低筋麵粉混拌，少量逐次地加入煮至沸騰前的2並混拌。

5 將4過濾倒回2加熱牛奶的鍋中，以中火加熱。邊用攪拌器攪拌，邊煮至沸騰。

6 煮至出現光澤且呈光滑的乳霜狀時，倒入方型淺盤中，表面緊貼著覆以保鮮膜，並墊放冷水使其冷卻。

德式烤盤糕點
Blechkuchen

Blechkuchen是以烤盤烘烤，德式糕點的總稱。
大部分是在發酵麵團（Hefeteig）（使用酵母的發酵麵團）上塗抹奶油餡，
堆疊上當季水果等烘焙而成，可以切分成各人喜好的大小。
其中德式奶油糕點（Butterkuchen）和德式奶酥糕點（Streuselkuchen），
都是非常受到歡迎的烤盤糕點。

製法 直接法
材料 3kg用量(2種x各4片)

	配方(%)	分量(g)
法國麵包用粉	100.0	3000
砂糖	15.0	450
鹽	1.5	45
脫脂奶粉	4.0	120
奶油	20.0	600
新鮮酵母	3.5	105
雞蛋	20.0	600
水	42.0	1260
合計	206.0	6180

● 德式奶油糕點上的裝飾
(30cm x 40cm的烤盤1片)

奶油	70
杏仁片	70
砂糖	70

● 德式奶酥糕點上的裝飾
(30cm x 40cm的烤盤1片)

卡士達奶油餡(→P.137)	650
德式奶酥(→P.140)	400
糖粉	

攪拌	螺旋式攪拌機 1速4分鐘　油脂　2速8分鐘 揉和完成溫度26℃
發酵	30分　28～30℃　75%
分割	德式奶油糕點：800g 德式奶酥糕點：700g
冷藏發酵	18小時(±3小時)　5℃
整型	配合烤盤擀壓 用於德式奶酥糕點時塗抹奶油餡
最後發酵	30分鐘　35℃　75%
烘焙	◆德式奶油糕點 表面裝飾 15分鐘　上火210℃　下火170℃ ◆德式奶酥糕點 撒放奶酥 35分鐘　上火210℃　下火170℃

預備作業

·德式奶油糕點使用的烤盤(30cmx40cm)內塗抹大量奶油，德式奶酥糕點(同尺寸)的烤盤則薄薄塗抹。
·德式奶油糕點用於表面裝飾的奶油，先放置於室溫下使其軟化，再放入擠花袋內。

德式烤盤糕點的剖面

因為分割成大塊的發酵麵團用擀麵棍擀壓，因此柔軟內側粗大，表層外皮厚實。相較於德式奶油糕點，德式奶酥糕點因塗抹了奶油餡並撒上了奶酥，重量使內部呈現紮實的狀態，長時間烘焙，更使得底部的表層外皮變厚。

上：德式奶酥糕點　　下：德式奶油糕點

攪拌

1 除了奶油以外的材料放入攪拌缽盆中，以1速攪拌4分鐘。取部分麵團延展確認狀態。

＊麵團沾黏且連結較弱。

2 加入奶油以2速攪拌8分鐘，確認麵團狀態。

＊麵團柔軟得無法從攪拌缽盆中剝離。能薄薄地延展開麵團，但仍不均勻。

3 使表面緊實地整合麵團，放入發酵箱內。

＊揉和完成的溫度目標為26℃。

發酵

4 在溫度28～30℃、濕度75%的發酵室內，使其發酵30分鐘。

＊雖然麵團膨脹起來，但會略早結束發酵地進行冷藏發酵。約是能殘留手指痕跡的程度。

分割・滾圓

5 將麵團取出至工作檯上，分切成800g與700g各4個。

6 確實滾圓麵團。

滾圓前　　　滾圓後

7 排放在烤盤上，放入塑膠袋內。

冷藏發酵

8 放入溫度5℃的冷藏庫使其發酵18小時。

＊因為是非常柔軟的麵團，冷卻變硬後會更方便作業，所以採取冷藏發酵。

＊發酵時間基本為18小時，可以在15～21小時間進行調整。

整型

9 將麵團取出至工作檯上，用擀麵棍擀壓出十字形狀。其餘四角，從中央朝邊緣斜向45度方向，擀壓出角度，使其成為四角形。

10 使用擀壓棍配合烤盤大小進行擀壓，舖放在烤盤上。

11 德式奶酥糕點用麵團（700g），塗抹上卡士達奶油餡。

12 德式奶油糕點最後發酵前的狀態。

13 德式奶酥糕點最後發酵前的狀態。

烘焙 — 德式奶酥糕點

19 撒上奶酥。

最後發酵

14 兩者皆為溫度35℃、濕度75%的發酵室內，使其發酵30分鐘。德式奶油糕點的發酵後狀態。

20 以上火210℃、下火170℃的烤箱，烘烤35分鐘。

＊烘烤時間較德式奶油糕點長，因此為了避免底部烤焦，在下方疊放尺寸略大的烤盤進行烘烤。放涼後再依個人喜好撒上糖粉。

15 德式奶酥糕點的發酵後狀態。

＊兩者皆為了能有良好的口感，而略為提早完成發酵。

德式奶酥（Streusel）

材料 （800g）

低筋麵粉	400g
肉桂粉	1小匙
檸檬皮（磨成屑狀）	¼小匙
奶油	200g
砂糖	200g
香草精	少量

烘焙 — 德式奶油糕點

16 以手指在全體麵團上按壓孔洞。

17 擠上軟化的奶油、撒上杏仁片和砂糖。

18 以上火210℃、下火170℃的烤箱，烘烤15分鐘。

1 將低筋麵粉、肉桂粉、檸檬皮混合攪拌。

2 將放置於室溫軟化的奶油放入缽盆中，以攪拌器攪拌成滑順狀。

3 分數次將砂糖加入2，並攪打至顏色轉淺確實混合（A）。

4 在3當中加入香草精混拌。

5 在4中添加1，並以刮板如切開般進行混拌（B）。

6 混拌至粉類消失後，以手抓握使其凝結成團（C）。

7 用網目較細的網篩過篩，使其成鬆散沙礫狀（D）。

8 攤放在方型淺盤上，放入冷藏庫冷卻凝固。

甜麵包卷
Sweet roll

甜麵包卷與咖啡蛋糕，都是美國最具代表性的糕點麵包（菓子麵包）。
大口喝下美式咖啡、津津有味地吃著甜麵包卷，
是早晨咖啡屋內最常見到的景象。
RICH類（高糖油）配方的麵團，搭配毫不吝嗇的甜奶油餡或配料的麵包，
不愧是糕點麵包的代表。

上：葡萄乾　下：巧克力核桃

製法　直接法
材料　3kg用量（108個）

	配方（%）	分量（g）
高筋麵粉	100.0	3000
上白糖	20.0	600
鹽	1.5	45
脫脂奶粉	5.0	150
奶油	15.0	450
酥油	10.0	300
新鮮酵母	4.0	120
蛋黃	20.0	600
水	42.0	1260
合計	217.5	6525

● **內餡**（各1條＝每條18個）
＜巧克力核桃＞

杏仁奶油餡（→P.143）	270
巧克力	90
核桃	90

＜葡萄乾＞

杏仁奶油餡（→P.143）	300
無子葡萄乾	180

蛋液

打發 Creaming	奶油、酥油、上白糖、鹽、蛋黃
攪拌	直立式攪拌機 1速3分鐘　2速3分鐘　3速8分鐘 揉和完成溫度26℃
發酵	45分　28～30℃　75%
分割	1080g
冷藏發酵	18小時（±3小時）　5℃
整型	請參照製作方法
最後發酵	60分鐘　32℃　75%
烘焙	刷塗蛋液 12分鐘 上火220℃　下火170℃

預備作業

・切碎巧克力和核桃。

甜麵包卷的剖面（巧克力核桃）

因內餡和冷藏發酵的影響，大幅提高了麵
團的延展性，因此增大了麵包體積。柔軟
內側明顯可見較大的氣泡。

打發 Creaming

1 將奶油和酥油放入桌上型攪拌機的缽盆內,攪拌棒裝上網狀攪拌器(Whipper),將其攪打至呈柔軟狀態。

＊若奶油和酥油的硬度不同時,先攪打較硬的一方。

2 分數次加入上白糖,再混拌至使其飽含空氣。

＊一邊隨時刮落沾黏在缽盆和攪拌器上的麵團,一邊進行混拌。特別是攪拌機底部不易混拌均勻,必須多加注意。

3 加入鹽混拌。分數次加入蛋黃,並不斷地攪拌使其確實飽含空氣。

4 完成內餡的打發作業。

＊攪拌器舀起內餡時,不會滑落地固結在攪拌器上的狀態。

攪拌

5 將其餘材料與4一起放入直立式攪拌機的攪拌缽盆中,以1速攪拌3分鐘。取部分麵團延展確認狀態。

＊因一開始就加入了油脂,因此麵團沾黏且延展時麵團立即破損。

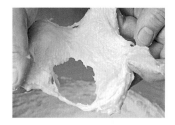

6 以2速攪拌3分鐘,確認麵團狀態。

＊雖然開始連結,但仍是沾黏狀態。

7 以3速攪拌8分鐘,確認麵團狀態。

＊不再沾黏,能薄薄地延展開,但仍有少許不均勻。

8 表面緊實地整合麵團,放入發酵箱內。

＊揉和完成的溫度目標為26℃。

發酵

9 在溫度28～30℃、濕度75%的發酵室內,使其發酵45分鐘。

＊略早地完成發酵。膨脹至能殘留手指痕跡的程度。

分割・滾圓

滾圓前　　　滾圓後

10 將麵團取出至工作檯上,分切成1080g,確實地滾圓。

11 排放在烤盤上,放入塑膠袋內。

冷藏發酵

12 放入溫度5℃的冷藏庫內,使其發酵18小時。

＊因為是非常柔軟的麵團,冷卻變硬後會更方便作業,所以採取冷藏發酵。

＊發酵時間基本為18小時,可以在15～21小時間進行調整。

整型

13 將麵團取出至工作檯上，用擀麵棍擀壓出十字形狀。其餘四角，各從中央朝邊緣，以斜向45度方向擀壓出角度，就成了長方形。

14 用壓麵機將麵團擀壓成寬25cm、厚4mm的大小。

＊雖然需要重覆幾次地進行，但若是沒有儘快作業，麵團會變軟而難以操作。

15 將麵團橫放在工作檯上，靠近自己的2cm麵團，用擀麵棍擀壓成薄平狀態。

16 除了薄平部分之外，全部塗抹上杏仁奶油餡，並撒放巧克力和核桃碎。從外側朝自己的方向捲起。

＊使其成為長54cm，粗細均勻的圓柱狀。也可以用無子葡萄乾取代巧克力和核桃。

17 靠近自己的2cm處用毛刷塗抹水分，確實將麵團貼合固定。做出18等分（寬3cm）的記號，並分切。整型後，放入鋁箔紙模內再排放在烤盤上。

最後發酵

18 在溫度32℃、濕度75%的發酵室內，使其發酵60分鐘。

＊雖然需要充分發酵，但發酵過度時會造成麵包的粗糙，口感變差。

烘焙

19 用刷子刷塗蛋液。以上火220℃、下火170℃的烤箱，烘烤12分鐘。

奶油打發（Creaming）的目的

所謂的Creaming，指的是打發油脂、蛋黃、砂糖等的作業。藉著打發先完成細緻的氣泡，以達到製作柔軟麵包的效果。

配方中的材料（特別是油脂）在最初就加入一起進行攪拌，會使麵團連結變弱，進而影響到入口時的口感。但麵團連結太差時，也會造成體積不足等影響到麵包的柔軟程度，因此分辨出最適切的攪拌程度非常重要。

甜麵包卷用
杏仁奶油餡

材料 （1770g）

蛋黃	135g
蛋白	195g
杏仁粉	450g
低筋麵粉	45g
奶油	450g
砂糖	450g
蘭姆酒	45g

1 混合並攪散蛋黃和蛋白。

2 混合杏仁粉與完成過篩的低筋麵粉。

3 將室溫下放至柔軟的奶油放入缽盆內，用攪拌器混拌至滑順。

4 砂糖分數次加入3當中，並混拌。

5 逐次少量地交替將1和2加入4當中（A），並混拌至全體呈平順光滑為止（B）。

6 加入蘭姆酒混拌。

庫克洛夫
Kouglof

法國東部亞爾薩斯地方有名的傳統糕點－庫克洛夫，
傳自德國或維也納，過去曾經以啤酒酵母來發酵麵團製作而成。
無論是早餐或點心，也能搭配鹹味料理或作為下酒小點。

製法　直接法（自我分解法）
材料　3kg用量（19個）

	配方（%）	分量（g）
高筋麵粉	100.0	3000
砂糖	25.0	750
鹽	1.5	45
脫脂奶粉	5.0	150
檸檬皮（磨成屑狀）	0.1	3
奶油	35.0	1050
新鮮酵母	4.0	120
蛋黃	20.0	600
水	46.0	1380
無子葡萄乾	50.0	1500
糖漬橙皮	5.0	150
香橙酒	3.0	90
合計	294.6	8838

糖粉

攪拌	螺旋式攪拌機 1速4分鐘　2速10分鐘 油脂　1速2分鐘　2速10分鐘 水果　1速2分鐘～ 揉和完成溫度26℃
發酵	120分　（80分鐘時壓平排氣） 28～30℃　75%
分割	450g
中間發酵	10分鐘
整型	圈狀
最後發酵	60分鐘　32℃　75%
烘焙	噴撒水霧 35分鐘 上火160℃　下火200℃

預備作業

· 無子葡萄乾先用溫水洗淨，再用網篩瀝乾水分。
· 糖漬橙皮先用溫水洗淨，瀝乾水分後切碎混合香橙酒備用。
· 在庫克洛夫模型（口徑18cm）內塗抹奶油。

庫克洛夫的剖面

含較多雞蛋和奶油的麵團，需要較長的攪拌時間，因此表層外皮變厚，柔軟內側就像奶油麵團般，高密度地排列著細小的氣泡。

攪拌

1 除了奶油和水果的所有材料放入攪拌缽盆中，以1速攪拌。

2 攪拌4分鐘時，取部分麵團延展確認狀態。

＊因為是蛋黃和砂糖配方較多的麵團，因此沾黏且延展時就會扯斷麵團。

3 以2速攪拌10分鐘，確認麵團狀態。

＊雖然仍有沾黏，但麵團連結增強，已可厚厚地延展開麵團。

4 加入奶油以1速攪拌2分鐘，確認麵團狀態。

＊因加入大量油脂，使麵團連結變差，延展時會造成破損。非常柔軟的狀態。

5 以2速攪拌10分鐘，確認麵團狀態。

＊不再沾黏，可以延展成光滑的薄膜。

6 添加水果，以1速攪拌混合全體。

＊全體均勻混合時即完成攪拌。

7 使表面緊實地整合麵團，放入發酵箱內。

＊揉和完成的溫度目標為26℃。

發酵

8 在溫度28～30℃、濕度75%的發酵室內，使其發酵80分鐘。

＊使其充分膨脹。

壓平排氣

9 按壓全體，從左右朝中央折疊進行＂較輕的壓平排氣＂（→P.40），再放回發酵箱內。

＊為使能做出嚼感及口感良好的製品，應避免對麵團過度施力，較一般軟質系列麵團稍弱一點的力道即可。

發酵

10 放回相同條件的發酵室內，再繼續發酵40分鐘。

＊膨脹至能殘留手指痕跡的程度。

分割‧滾圓

11 將麵團取出至工作檯上，分切成450g。

12 確實滾圓麵團，排放在舖有布巾的板子上。

＊整型只是在中央做出孔洞而已，所以此時必須確實使麵團成為圓形。
＊葡萄乾露出麵團時很容易燒焦，因此要將露出的葡萄乾再次包進麵團中。

滾圓前　　滾圓後

中間發酵

13 放置於與發酵時相同條件的發酵室內，靜置10分鐘。

＊中間發酵略短地完成。麵團仍稍留有彈力，較能漂亮地整型。

整型

14 平順光滑面朝上，以直徑3cm的擀麵棍按壓在麵團中央處，以做出孔洞。

＊擀麵棍先沾裹麵粉，一再股作氣地壓出孔洞。

15 一邊擴大孔洞一邊將麵團整型成均勻的圈狀。

＊按壓出孔洞的為麵包的表面，使其能呈現光滑平整地，將麵團整合至底部內裡。

16 光滑平整面朝下，放入模型中。

＊避免空氣進入模型與麵團間，使麵團確實填滿模型。

最後發酵

17 溫度32℃、濕度75%的發酵室內，使其發酵60分鐘。

＊使麵團發酵，約膨脹至模型的9成滿。

烘焙

18 噴撒水霧。

＊表面確實濕潤的程度。

19 以上火160℃、下火200℃的烤箱，烘烤35分鐘。

＊取出烤箱後，連同模型一起摔落至板子上，再脫膜。可依個人喜好撒上糖粉。

庫克洛夫蛋糕節
La Fête du Kougelhopf

陶製模型

　亞爾薩斯的Ribeauvillé在6月初有庫克洛夫蛋糕節。以古法烘焙的庫克洛夫排滿整個會場，村民們搭配著亞爾薩斯葡萄酒細細地品嚐。主角是巨型庫克洛夫，擺放在神轎般的道具上，在村民見證下遊行。陶製庫克洛夫模型上描繪著鮮艷的圖案，美麗的外觀也吸引相當多的收藏家。

以模型烘烤的麵包

山型吐司

吐司麵包是日本餐桌上不可或缺、最常見的麵包。
以頂部開放式模型烘烤，因為麵團會像山一樣膨脹起來，所以稱為山型吐司。
是明治時期，由英國人開始製作而來，又被稱為英式吐司。
大家所熟知方型的吐司，是以帶蓋模型烘烤出來的，
相對於山型吐司，則稱它為方型吐司。

製法　直接法

材料　3kg用量(8個)

	配方(%)	分量(g)
法國麵包用粉	100.0	3000
砂糖	5.0	150
鹽	2.0	60
脫脂奶粉	2.0	60
奶油	3.0	90
酥油	3.0	90
新鮮酵母	2.0	60
水	72.0	2160
合計	**189.0**	**5670**

蛋液

攪拌	直立式攪拌機 1速3分鐘　2速2分鐘　3速4分鐘 油脂　2速2分鐘　3速9分鐘 揉和完成溫度26℃
發酵	120分(80分鐘時壓平排氣) 28～30℃　75%
分割	220g (模型麵團比容積3.9→P.9)
中間發酵	30分鐘
整型	圓柱形(1.5斤模型中放入3個)
最後發酵	70分鐘　38℃　75%
烘焙	刷塗蛋液 35分鐘 上火210℃　下火230℃

預備作業

・在1.5斤模型中塗抹酥油。

山型吐司的剖面

放入模型中的麵團因使用頂部開放式模型
烘烤，因此麵團呈垂直方向膨脹，表層外
皮變薄，柔軟內側的氣泡呈縱向橢圓形。

攪拌

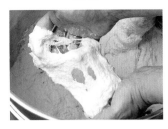

1 除了奶油和酥油以外的材料放入攪拌缽盆中，以1速攪拌3分鐘後。取部分麵團延展確認狀態。

＊因為是柔軟的麵團，所以相當沾黏且延展時麵團就破損了。

2 以2速攪拌2分鐘，確認麵團狀態。

＊雖然連結變強，但仍是沾黏狀態，難以延展。

3 以3速攪拌4分鐘，確認麵團狀態。

＊略有沾黏，開始能薄薄延展開麵團但仍不均勻。

4 添加奶油、酥油，以2速攪拌2分鐘，確認麵團狀態。

＊因為添加了油脂，麵團的連結變弱、變軟。

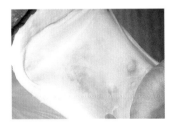

5 以3速攪拌9分鐘，確認麵團狀態。

＊麵團連結再次變強，可以薄薄均勻地延展開麵團了。

6 表面緊實地整合麵團，放入發酵箱內。

＊揉和完成的溫度目標為26℃。

發酵

7 在溫度28～30℃、濕度75%的發酵室內，使其發酵80分鐘。

＊膨脹至能殘留手指痕跡的程度。

壓平排氣

8 按壓全體，從左右朝中央折疊按壓，再由上下折疊按壓進行＂強力的壓平排氣＂（→P.39），重新放回發酵箱內。

＊為強化麵團力量而進行強力的壓平排氣。

發酵

9 放回相同條件的發酵室內，再繼續發酵40分鐘。

＊膨脹至能殘留手指痕跡的程度。

分割・滾圓

10 將麵團取出至工作檯上，分切成220g。

11 確實滾圓麵團。

滾圓前　　滾圓後

12 排放在舖有布巾的板子上。

中間發酵

13 放置於與發酵時相同條件的發酵室內,靜置30分鐘。

＊充分靜置麵團至緊縮的彈力消失為止。

整型

14 用擀麵棍擀壓麵團,確實排出氣體。

＊為確實排出氣體地進行雙面擀壓。擀壓過的麵團形狀,近乎正方型。

15 平順光滑面朝下,由外側朝中央折入⅓並按壓,靠近自己方向也同樣向前折疊⅓並按壓。

＊儘量使麵團的厚度一致,比較能捲成漂亮的圓柱形。

16 麵團轉90度,外側邊緣少許朝內折疊,並輕輕按壓。

＊過度用力按壓會造成中央部分發酵不足,也會使柔軟內側部過度緊塞。

17 從外側朝身體方向捲入。

＊使表面緊實,用姆指輕壓麵團地捲起。

18 完成捲入後,用手掌按壓以閉合接口處。

19 閉合接口處朝下地將3個麵團排放在模型內。

＊3個麵團形狀一致即可。

最後發酵

20 在溫度38℃、濕度75%的發酵室內,使其發酵70分鐘。

＊使其充分發酵至麵團膨脹至模型邊緣為止。

烘焙

21 用刷子刷塗蛋液。

22 以上火210℃、下火230℃的烤箱,烘烤35分鐘。

＊由烤箱取出時,連同模型一起摔落至板子上,立刻脫模。

山型吐司的側面彎曲凹陷

所謂的側面彎曲凹陷就是「攔腰彎折」

側面彎曲凹陷，是指完成烘焙的麵包側面，因內側的凹陷而產生「攔腰彎折」的意思。特別是以模型烘焙的山型吐司或方型吐司，這種現象很常見。

側面彎曲凹陷的
山型吐司

造成側面彎曲凹陷的原因

側面彎曲凹陷的直接原因，是來自於麵包的表層外皮和柔軟內側的軟化及弱化。高溫烘焙而成的麵包內部熱度（中央部分溫度）為95～96℃，降成室溫約需1小時。其間，麵包的內部充滿著的水蒸氣藉由表層外皮而釋出，因此表層外皮會因而濕潤軟化，就會生成側面的彎曲凹陷了。

間接的原因，可列舉出①烘烤不足（特別是側面）、②麵團過於柔軟、③相對於模型麵團過重、④麵團過度膨脹等等。

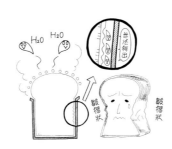

該如何預防側面彎曲凹陷？

為防止側面彎曲凹陷，當麵包取出烤箱時，應立刻給予麵團衝擊地連同模型一起摔落在工作檯上，並迅速地脫模。

這是使麵團內部充滿的水蒸氣，可以及早釋出，以防止表層外皮的濕潤。

此外，形成柔軟內側的無數氣泡中，也含有氣泡膜較為脆弱的氣泡，藉由衝擊力道破壞這些氣泡，成為安定的狀態。

以上2點，可以強化麵包的構造，又能防止側面彎曲凹陷。

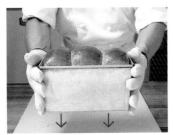

連同模型一起摔落在工作檯上

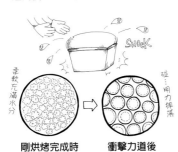

剛烘烤完成時　　衝擊力道後

脆皮吐司

LEAN類（低糖油配方）麵團放入吐司麵包模型內，烘烤而成的脆皮吐司，
誕生於習慣食用吐司麵包的日本。
烘烤後爽脆的外皮口感，是受歡迎的關鍵。
能嚐到不同於吐司麵包的美味，所以支持的愛用者日益增加。

製法 直接法

材料 3kg用量（11個）

	配方(%)	分量(g)
高筋麵粉	50.0	1500
法國麵包用粉	50.0	1500
鹽	2.0	60
脫脂奶粉	2.0	60
酥油	2.0	60
即溶酵母	0.6	18
麥芽糖精	0.3	9
水	70.0	2100
合計	176.9	5307

攪拌	螺旋式攪拌機 1速5分鐘　2速5分鐘 揉和完成溫度25℃
發酵	130分（90分鐘時壓平排氣） 28～30℃　75%
分割	230g （模型麵團比容積3.7→P.9）
中間發酵	30分鐘
整型	圓形（1斤模型中放入2個）
最後發酵	70分鐘　32℃　75%
烘焙	30分鐘 上火210℃　下火230℃ 蒸氣

預備作業

・在1斤模型中塗抹酥油。

脆皮吐司的剖面

表層外皮薄，因為是LEAN類（低糖油）
配方，因此柔軟內側呈縱向帶著橢圓形狀
的粗大氣泡。

攪拌

1 將所有的材料放入攪拌缽盆內，以1速攪拌。

2 攪拌5分鐘時，取部分麵團拉開延展以確認狀態(A)。

＊材料均勻混拌，但麵團連結較弱，仍沾黏。

3 以2速攪拌5分鐘，確認麵團狀態(B)。

＊仍不均勻但可以薄薄地延展麵團了。

4 使表面緊實地整合麵團，再放入發酵箱(C)。

＊揉和完成的溫度目標為25℃。

發酵

5 在溫度28～30℃、濕度75％的發酵室內，使其發酵90分鐘。

＊膨脹至能殘留手指痕跡的程度。

壓平排氣

6 按壓全體麵團，從左右朝中央折疊"較輕的壓平排氣"(→P.40)，再放回發酵箱內。

＊屬於吐司麵包當中的LEAN類(低糖油配方)，因此比其他麵團稍弱的力道進行。過度排氣會影響後面的膨脹。

發酵

7 放回相同條件的發酵室內，再繼續發酵40分鐘(D)。

＊膨脹至能殘留手指痕跡的程度。

分割‧滾圓

8 將麵團取出至工作檯上，分切成230g。

9 輕輕滾圓麵團。

＊避免麵團斷裂地輕輕滾圓。

10 排放在舖有布巾的板子上。

中間發酵

11 在與發酵時相同條件的發酵室，靜置30分鐘。

＊充分靜置麵團至緊縮的彈力消失為止。

整型

12 用手掌按壓麵團，排出氣體。

13 滾圓麵團(E)。

＊在麵團不致斷裂的狀態下確實滾圓麵團，但過度用力會導致膨脹不佳。

14 捏緊閉合底部(F)。

15 閉合接口處朝下地在模型內並排2個麵團(G)。

＊2個麵團形狀一致即可。

16 在溫度32℃、濕度75％的發酵室內，使其發酵70分鐘(H)。

＊充分發酵使麵團上方膨脹至模型邊緣為止。

烘焙

17 以上火210℃、下火230℃的烤箱，放入蒸氣，烘烤30分鐘。

＊由烤箱取出時，連同模型一起摔落至板子上，立刻脫模。

A

B

C

D

E

F

G

H

法式白吐司
Pain de mie

Mie 的法文是指中間內部的意思。
與享受表層外皮的傳統法國麵包不同，
這是品嚐柔軟內側，法國版的方形吐司。
在美國或日本，吐司麵包是烘烤後塗抹奶油或果醬食用，
但在法國則多是以 canapé 開胃小點、croque-monsieur 火腿起司三明治，
或是 croque-madame 火腿起司上層再加蛋的三明治等，
以溫熱三明治的方式來享用。

製法	直接法	

材料　3kg 用量（8個）

	配方（%）	分量（g）
高筋麵粉	80.0	2400
法國麵包用粉	20.0	600
砂糖	8.0	240
鹽	2.0	60
脫脂奶粉	4.0	120
奶油	5.0	150
酥油	5.0	150
新鮮酵母	2.5	75
水	70.0	2100
合計	196.5	5895

攪拌	直立式攪拌機 1速3分鐘　2速3分鐘　3速3分鐘 油脂　　2速2分鐘　3速8分鐘 揉和完成溫度26℃
發酵	90分（60分鐘時壓平排氣） 28～30℃　75%
分割	235g （模型麵團比容積3.6→P.9）
中間發酵	20分鐘
整型	圓柱形（1.5斤模型中放入3個）
最後發酵	40分鐘　38℃　75%
烘焙	蓋上模型蓋 35分鐘 上火210℃　下火220℃

預備作業

・在1.5斤模型和模型蓋上塗抹酥油。

法式白吐司的剖面

模型加蓋限制了體積的膨脹，因此會烘焙
出較厚的表層外皮。柔軟內側高密度地填
滿了細且圓的氣泡。

攪拌

1 除了奶油和酥油以外的材料放入攪拌缽盆中，以1速攪拌。

2 攪拌3分鐘時，取部分麵團延展確認狀態。

＊沾黏性強，麵團連結較弱，延展時麵團就會破損。

3 以2速攪拌3分鐘，確認麵團狀態。

＊雖然沾黏，但已能整合成團了。連結尚弱但已能略略延展成薄膜狀。

4 以3速攪拌3分鐘，確認麵團狀態。

＊沾黏略少，開始能薄薄延展開麵團但仍不均勻。

5 添加奶油、酥油，以2速攪拌2分鐘，確認麵團狀態。

＊因為添加了油脂，麵團的連結變弱、變軟。

6 以3速攪拌8分鐘，確認麵團狀態。

＊麵團連結再次變強，可以薄薄均勻地延展開麵團了，雖然仍有少許不均勻。為能製作出口感良好的麵包，攪拌力道會比僅使用高筋麵粉的配方來得輕一些。

7 表面緊實地整合麵團，放入發酵箱內。

＊揉和完成的溫度目標為26℃。

發酵

8 在溫度28～30℃、濕度75%的發酵室內，使其發酵60分鐘。

＊膨脹至能殘留手指痕跡的程度。

壓平排氣

9 按壓全體，從左右朝中央折疊按壓，再由上下折疊按壓進行〝強力的壓平排氣〞（→P.39），重新放回發酵箱內。

＊為強化麵團力量而進行強力的壓平排氣。

發酵

10 放回相同條件的發酵室內，再繼續發酵30分鐘。

＊膨脹至能殘留手指痕跡的程度。

分割・滾圓

11 將麵團取出至工作檯上，分切成235g。

12 確實滾圓麵團。

滾圓前　　滾圓後

13 排放在舖有布巾的板子上。

19 閉合接口處朝下地將3個麵團排放在模型內。

＊3個麵團形狀一致即可。

中間發酵

14 放置於與發酵時相同條件的發酵室內，靜置20分鐘。

＊充分靜置麵團至緊縮的彈力消失為止。

最後發酵

20 在溫度38℃、濕度75%的發酵室內，使其發酵40分鐘。

＊使其充分發酵至麵團頂端膨脹至模型高度的8成左右。因要蓋上模型蓋，所以不要使其過度發酵。

整型

15 用擀麵棍擀壓麵團，確實排出氣體。

＊為確實排出氣體地進行雙面擀壓。擀壓過的麵團形狀，近乎正方型。

烘焙

21 蓋上模型蓋。

16 平順光滑面朝下，由外側朝中央折入⅓並按壓，靠近自己的方向也同樣向前折疊⅓並按壓。

＊儘量使麵團的厚度一致，比較能捲成漂亮的圓柱形。

22 以上火210℃、下火220℃的烤箱，烘烤35分鐘。

＊由烤箱取出時，連同模型一起摔落至板子上，立刻脫模。

17 麵團轉90度，外側邊緣少許朝內折疊，並輕輕按壓。

＊過度用力按壓會造成中央部分發酵不足，也會使柔軟內側過度緊塞。

18 從外側朝身體方向捲入。完成捲入後，用手掌按壓以閉合接口處。

＊使表面緊實地用姆指輕壓麵團地捲起。

全麥麵包（葛拉漢麵包）
Graham bread

相較於一般的麵粉，採用富含纖維質和礦物質的全麥麵粉所製作的麵包，
是美國健康麵包的代表。1829年由Graham葛拉漢博士連同全麥蘇打餅乾
一起開發出來。之後便將使用全麥麵粉的麵包和餅乾，都冠上博士之名。
因為麩皮完全分散於麵團當中，因此口感與一般吐司麵包沒有太大的不同。

製法 直接法

材料 3kg用量（12個）

	配方(%)	分量(g)
高筋麵粉	70.0	2100
全麥麵粉	30.0	900
砂糖	6.0	180
鹽	2.0	60
脫脂奶粉	2.0	60
奶油	3.0	90
酥油	3.0	90
新鮮酵母	2.5	75
水	73.0	2190
合計	191.5	5745

蛋液

攪拌	直立式攪拌機 1速3分鐘　2速2分鐘　3速5分鐘 油脂　　2速2分鐘　　3速6分鐘 4速1分鐘 揉和完成溫度26℃
發酵	90分（60分鐘時壓平排氣） 28～30℃　75%
分割	450g （模型麵團比容積3.8→P.9）
中間發酵	20分鐘
整型	one loaf（1斤）
最後發酵	50分鐘　38℃　75%
烘焙	刷塗蛋液 30分鐘 上火210℃　下火230℃

預備作業

· 在1斤模型中塗抹酥油。

全麥麵包（葛拉漢麵包）的剖面

麵團的延展性佳，表層外皮略薄。麩皮分
散在麵團中，因此柔軟內側以略粗的氣泡
構成，帶有茶色。

攪拌

1 除了奶油和酥油以外的材料放入攪拌缽盆中，以1速攪拌。

2 攪拌3分鐘時，取部分麵團延展確認狀態。

＊麵團相當沾黏，連結力非常弱且延展時麵團立刻破損。

3 以2速攪拌3分鐘，確認麵團狀態。

＊麵團仍是相當沾黏，連結力弱，難以延展。

4 以3速攪拌5分鐘，確認麵團狀態。

＊仍有沾黏，但開始能薄薄延展開麵團。

5 添加奶油、酥油，以2速攪拌2分鐘，確認麵團狀態。

＊因為添加了油脂，麵團的連結變弱、變軟。

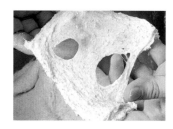

6 以3速攪拌6分鐘，確認麵團狀態。

＊麵團連結再次變強，不均勻但可以薄薄地延展開麵團。

7 以4速攪拌1分鐘，確認麵團狀態。

＊麵團均勻可延展成薄膜狀。

8 表面緊實地整合麵團，放入發酵箱內。

＊揉和完成的溫度目標為26℃。

發酵

9 在溫度28～30℃、濕度75%的發酵室內，使其發酵60分鐘。

＊膨脹至能殘留手指痕跡的程度。

壓平排氣

10 按壓全體，從左右朝中央折疊按壓，再由上下折疊按壓進行"強力的壓平排氣"（→P.39），重新放回發酵箱內。

＊為強化麵團力量而進行強力的壓平排氣。

發酵

11 放回相同條件的發酵室內，再繼續發酵30分鐘。

＊膨脹至能殘留手指痕跡的程度。

分割・滾圓

12 將麵團取出至工作檯上，分切成450g。

13 確實滾圓麵團。

滾圓前　滾圓後

14 排放在舖有布巾的板子上。

中間發酵

15 放置於與發酵時相同條件的發酵室內，靜置20分鐘。
＊充分靜置麵團至緊縮的彈力消失為止。

整型

16 平順光滑面朝下，對折麵團，捏緊閉合邊緣。
＊避免對麵團施力地輕輕折疊貼合。

17 放置成縱向，用擀麵棍擀壓麵團，確實排出氣體。
＊為確實排出氣體地進行雙面擀壓。

18 平順光滑面朝下，由外側朝中央折入⅓並按壓，靠近自己的方向也同樣向前折疊⅓並按壓。

19 由外側朝內對折，並用手掌根部確實按壓麵團邊緣，使其閉合。

20 閉合接口處朝下地排放在模型內。
＊不要扭轉，使接口處保持在模型中央地放入。

最後發酵

21 在溫度38℃、濕度75%的發酵室內，使其發酵50分鐘。
＊充分發酵至麵團頂部膨脹至模型邊緣為止。

烘焙

22 用刷子刷塗蛋液。

23 以上火210℃、下火230℃的烤箱，烘烤30分鐘。
＊由烤箱取出時，連同模型一起摔落至板子上，立刻脫模。

核桃麵包
Walnuts bread

在歐美，核桃是堅果類麵包麵團中不可或缺的固定要角。
相較於其他堅果類，核桃的脂肪成份較多、且柔軟，
因而非常適合與麵包搭配。
烘烤得馨香的麵包，因為核桃增添的香氣而更具食慾。

製法 直接法

材料 3kg用量（13個）

	配方（%）	分量（g）
高筋麵粉	90.0g	2700
全麥麵粉	10.0	300
砂糖	5.0	150
鹽	2.0	60
脫脂奶粉	3.0	90
奶油	5.0	150
酥油	5.0	150
新鮮酵母	2.5	75
水	72.0	2160
核桃	25.0	750
合計	219.5	6585

蛋液

攪拌	直立式攪拌機 1速3分鐘　2速3分鐘　3速4分鐘 油脂　2速2分鐘　3速6分鐘 核桃　2速1分鐘 揉和完成溫度26℃
發酵	90分（60分鐘時壓平排氣） 28～30℃　75%
分割	500g （模型麵團比容積3.4→P.9）
中間發酵	20分鐘
整型	one loaf（1斤）
最後發酵	60分鐘　38℃　75%
烘焙	刷塗蛋液 30分鐘 上火210℃　下火230℃

預備作業

‧核桃放入烤箱烘烤，再切成5mm大小。

‧在1斤模型中塗抹酥油。

核桃麵包的剖面

以頂部開放式（無蓋）模型烘焙而成，因
此頂部山型部分的表層外皮較厚。烘焙時
麵團中的核桃會滲出油脂，所以柔軟內側
的氣泡會變大，核桃皮膜中所含的丹寧會
使整體的顏色略呈紅褐色。

攪拌

1 除了奶油和酥油以外的材料放入攪拌缽盆中，以1速攪拌。

2 攪拌3分鐘時，取部分麵團延展確認狀態。

＊麵團相當沾黏，連結力非常弱且延展時麵團立刻破損。

3 以2速攪拌3分鐘，確認麵團狀態。

＊麵團仍是相當沾黏，連結力增加，無法薄薄地延展。

4 以3速攪拌4分鐘，確認麵團狀態（A）。

＊仍有沾黏，但能整合成團。開始能薄薄延展開麵團，但仍不均勻。

5 添加奶油、酥油，以2速攪拌2分鐘，確認麵團狀態（B）。

＊因為添加了油脂，麵團的連結變弱、變軟。

6 以3速攪拌6分鐘，確認麵團狀態（C）。

＊麵團不再沾黏，雖可以薄薄地延展開麵團，但仍略有不均勻。

7 添加核桃，以2速攪拌混合。

＊麵團均勻混拌，即完成攪拌。

8 表面緊實地整合麵團，放入發酵箱內（D）。

＊揉和完成的溫度目標為26℃。

發酵

9 在溫度28～30℃、濕度75％的發酵室內，使其發酵60分鐘。

＊膨脹至能殘留手指痕跡的程度。

壓平排氣

10 按壓全體，從左右朝中央折疊按壓，再由上下折疊按壓進行 "強力的壓平排氣"（→P.39），重新放回發酵箱內。

＊為強化麵團力量而進行強力的壓平排氣。

發酵

11 放回相同條件的發酵室內，再繼續發酵30分鐘（E）。

＊膨脹至能殘留手指痕跡的程度。

分割・滾圓

12 將麵團取出至工作檯上，分切成500g。

13 確實滾圓麵團。

＊因為加入了核桃，避免麵團斷裂的將其滾圓。

14 排放在鋪有布巾的板子上。

中間發酵

15 放置於與發酵時相同條件的發酵室內，靜置20分鐘。

＊充分靜置麵團至緊縮的彈力消失為止。

整型

16 平順光滑面朝下，對折麵團，捏緊閉合邊緣。

＊避免對麵團施力地輕輕折疊貼合。

17 放置成縱向，用擀麵棍擀壓麵團，確實排出氣體。

＊為確實排出氣體地進行雙面擀壓。

18 平順光滑面朝下，由外側朝中央折入⅓並按壓，靠近自己的方向也同樣向前折疊⅓並按壓。

19 由外側朝內對折，並用手掌根部確實按壓麵團邊緣，使其閉合。

20 閉合接口處朝下地排放在模型內。

＊不要扭轉，使接口處保持在模型中央地放入。

最後發酵

21 在溫度38℃、濕度75％的發酵室內，使其發酵60分鐘。

＊充分發酵至麵團頂部膨脹至模型邊緣為止。

烘焙

22 用刷子刷塗蛋液（F）。以上火210℃、下火230℃的烤箱，烘烤30分鐘。

＊由烤箱取出時，連同模型一起摔落至板子上，立刻脫模。

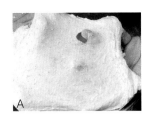

白麵包與變化型麵包

　　在美國放入吐司麵包模型烘焙的麵包稱為pan bread或loaf bread。Pan是模型，loaf是塊狀的意思，無論哪一種，指的都是整型成粗短棒狀的麵團，放入長型吐司模烘烤的單峰吐司麵包。烘焙前麵團重量1～2磅（1磅約454g）的是主流。其中柔軟內側為白色的吐司麵包，一般稱為白麵包。

　　相對於白麵包，添加了雜糧穀類、堅果、乾燥水果等副材料的麵團，就稱為變化型麵包。基本上是白麵包的變化型，但因強調添加副材料的特性，而更多富於變化。

葡萄乾麵包
Raisin bread

無須爭論，變化型麵包之王，就是葡萄乾麵包。
偏RICH類（高糖油）的麵團添加了大量葡萄乾的麵包，
不只是在美國，在日本也廣受喜愛。
非常適合搭配奶油，建議可以塗抹大量奶油享用。
烤熱後，更能烘托出葡萄乾的酸甜滋味。

製法 發酵種法（中種法）
材料 3kg用量（14個）

	配方(%)	分量(g)
● 中種		
高筋麵粉	70.0	2100
新鮮酵母	2.5	75
水	42.0	1260
● 正式麵團		
高筋麵粉	30.0	900
砂糖	8.0	240
鹽	2.0	60
脫脂奶粉	2.0	60
奶油	6.0	180
酥油	4.0	120
蛋黃	5.0	150
水	24.0	720
加州葡萄乾	50.0	1500
合計	**245.5**	**7365**

蛋液

中種的攪拌	直立式攪拌機
	1速3分鐘　2速2分鐘
	揉和完成溫度25℃
發酵	120分鐘　25℃　75%
正式麵團攪拌	直立式攪拌機
	1速3分鐘　2速3分鐘　3速4分鐘
	油脂　2速2分鐘　3速8分鐘
	4速1分鐘
	葡萄乾　2速1分鐘～
	揉和完成溫度30℃
發酵(floor time)	30分　28～30℃　75%
分割	500g
	（模型麵團比容積3.4→P.9）
中間發酵	20分鐘
整型	one loaf（1斤）
最後發酵	60分　38℃　75%
烘焙	刷塗蛋液
	30分鐘
	上火190℃　下火200℃

預備作業
‧在1斤模型中塗抹酥油。
‧加州葡萄乾先用溫水洗淨，再用網篩瀝乾
水分。

中種的攪拌

1 中種的材料放入攪拌缽盆內，以1速攪拌3分鐘。

＊全部材料大致混拌即可。麵團連結較弱，慢慢地拉開時，無法延展地被扯斷。

2 以2速攪拌2分鐘，確認麵團狀態。

＊材料均勻混合，可以整合成團即可。因為是較硬的麵團不易延展。

3 取出麵團，使表面緊實地整合麵團，放入發酵箱內。

＊麵團較硬，因此在工作檯上按壓整合成圓形。
＊揉和完成的溫度目標為25℃。

發酵

4 在溫度25℃、濕度75%的發酵室內，使其發酵120分鐘。
＊確認麵團充分膨脹。

正式麵團攪拌

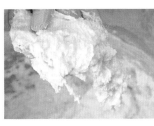

5 除了奶油、酥油和加州葡萄乾以外的材料，以及4的中種放入攪拌缽盆中，以1速攪拌3分鐘時，取部分麵團延展確認狀態。

＊麵團尚未均勻混拌，相當沾黏。幾乎無法連結。

6 以2速攪拌3分鐘，取部分麵團延展確認狀態。

＊麵團大致混拌，但麵團連結弱，即使緩慢延展都會破裂。

7 以3速攪拌4分鐘，確認麵團狀態。

＊沾黏稍緩，連結變強，開始能延展開麵團，但不均勻。

8 添加奶油、酥油，以2速攪拌2分鐘，確認麵團狀態。

＊因為添加了油脂，麵團的連結變弱、變軟。

9 以3速攪拌8分鐘，確認麵團狀態。

＊麵團再次連結，不再沾黏，雖可以薄薄地延展開麵團，仍稍有不均勻。

10 以4速攪拌1分鐘，確認麵團狀態。

＊能均勻且薄薄地延展開麵團。

11 加入加州葡萄乾，以2速攪拌混合。

＊當全體攪拌均勻時，即完成攪拌。

12 表面緊實地整合麵團，放入發酵箱內。

＊揉和完成的溫度目標為30℃。

發酵（floor time）

13 在溫度28～30℃、濕度75%的發酵室內，使其發酵30分鐘。

＊膨脹至能殘留手指痕跡的程度。

分割・滾圓

滾圓前　　滾圓後

14 將麵團取出至工作檯上，分切成500g。確實滾圓麵團。

15 排放在鋪有布巾的板子上。

中間發酵

16 放置於與發酵時相同條件的發酵室內，靜置20分鐘。

＊充分靜置麵團至緊縮的彈力消失為止。

整型

17 平順光滑面朝下，對折麵團，捏緊閉合邊緣。放置成縱向，用擀麵棍擀壓麵團，確實排出氣體。

＊避免對麵團施力地輕輕折疊貼合。
＊為確實排出氣體地進行雙面擀壓。

18 平順光滑面朝下，由外側朝中央折入⅓並按壓，靠近自己的方向也同樣向前折疊⅓並按壓。

19 由外側朝內對折，並用手掌根部確實按壓麵團邊緣，使其閉合。

＊葡萄乾露出表面烘烤時會焦黑，所以必須使其包覆於麵團中。

20 閉合接口處朝下，將麵團排放在模型內。

＊不要扭轉，使接口處保持在模型中央地放入。

最後發酵

21 在溫度38℃、濕度75%的發酵室內，使其發酵60分鐘。

＊充分發酵至麵團頂部膨脹至模型邊緣為止。

烘焙

22 用刷子刷塗蛋液。以上火190℃、下火200℃的烤箱，烘烤30分鐘。

＊由烤箱取出時，連同模型一起摔落至板子上，立刻脫模。

葡萄乾麵包的剖面

是吐司麵包中，雞蛋和奶油配方較高的軟質麵團，因此延展性佳，山峰部分的表層外皮薄。相對於麵粉，葡萄乾添加量多達50%，麵包受此影響，所以柔軟內側是由較細小的氣泡所構成。

7

折疊麵團的麵包

可頌
Croissant

在法語中是新月的意思。誕生地雖有維也納與布達佩斯不同的說法，但都起源於17世紀左右，
為紀念戰勝奧斯曼帝國的侵略，而將敵人旗幟上的新月圖騰製成麵包而來。
當時並非使用現在的折疊麵團，但麵包傳至巴黎，20世紀時就誕生了現在這種形式的可頌了。

製法 直接法

材料 1kg用量（48個）

	配方(%)	分量(g)
法國麵包用粉	100.0	1000
砂糖	10.0	100
鹽	2.0	20
脫脂奶粉	2.0	20
奶油	10.0	100
新鮮酵母	3.5	35
雞蛋	5.0	50
水	48.0	480
奶油（折疊用）	50.0	500
合計	**230.5**	**2305**

蛋液

攪拌	直立式攪拌機 1速3分鐘　3速2分鐘 揉合完成溫度24℃
發酵	45分　25℃　75%
冷藏發酵	18小時（±3小時）　5℃
折疊作業	三折疊 × 三次 （每一回合後靜置30分鐘） −20℃
整型	請參照製作方法
最後發酵	60 〜 70分鐘　30℃　70%
烘焙	刷塗蛋液 15分鐘 上火235℃　下火180℃

可頌的剖面

因為是以折疊麵團 3 層捲起，可以看見其等距層次的旋渦狀。柔軟內側完全看不到海綿狀的氣泡，無法區隔表層外皮與柔軟內側，正是它的特徵。

攪拌

1 除折疊用奶油以外，材料全部放入攪拌缽盆中，以1速攪拌。

2 攪拌3分鐘時，取部分麵團延展確認狀態。

＊材料全部混拌即可。麵團連結較弱、且沾黏。即使慢慢地拉開，麵團也無法延展地被扯斷。

3 以3速攪拌2分鐘，確認麵團狀態。

＊材料均勻混拌，整合成團即可。雖然不沾黏，但因麵團較硬而難以延展。

4 表面緊實地整合麵團，放入發酵箱內。

＊麵團較硬，因此在工作檯上按壓整合成圓形。
＊揉和完成的溫度目標為24℃。

發酵

5 在溫度25℃、濕度75%的發酵室內，使其發酵45分鐘。

＊揉和完成的溫度較低，因發酵時間也短，所以不太會膨脹。

冷藏發酵

6 將麵團取出至工作檯上，輕輕按壓全體，用塑膠袋包覆。

＊將麵團壓成一定厚度使其能均勻冷卻。

7 放入溫度5℃的冷藏庫內，
發酵18小時。

＊發酵時間基本為18小時，可以
在15～21小時間進行調整。

13 麵團邊緣確實捏緊閉合，
完全包覆住奶油。

＊必要時，可以用擀麵棍按壓全
體，再放入壓麵機內擀壓其厚度。

折疊

8 折疊用奶油在冰涼堅硬的狀
態下取出放於工作檯上。撒上
手粉用擀麵棍敲打，邊調整奶油
的硬度邊將其整型成正方型。
（→P.171 折疊用奶油的整型）

＊整型時以寬度大於30cm來決定
長度，標準約是22cm。

14 壓麵機擀壓成寬25cm、
厚6～7mm的大小。

＊奶油過硬時，在擀壓過程中就會
斷裂只擀壓到麵團；但過度柔軟時，
奶油會滲入麵團中，使得層次無法
清晰呈現。

9 將麵團取出至工作檯上，用
擀麵棍擀壓出十字形。

＊麵團中央⅓處用擀麵棍擀壓，麵
團轉90度，同樣地在中央⅓處用
擀麵棍擀壓。

15 進行三折疊。用塑膠袋包
覆住麵團，放入–20℃的冷凍
庫內靜置30分鐘。

＊折疊時要平整地對齊尖角。

10 其餘四角，各從中央朝邊
緣，斜向45度方向擀壓出角
度，就成了長方形。

＊擀壓成大於奶油的尺寸。

16 改變擀壓方向與之前呈90
度地放入壓麵機內。

11 在麵團上以45度交錯的角
度，擺放上奶油。

17 再次擀壓成厚6～7mm
後，進行三折疊。用塑膠袋包
覆住麵團，放入–20℃的冷凍
庫內靜置30分鐘。

12 略微拉開，使對向麵團折
入中央，按壓重疊部分使其貼
合。其餘麵團也同樣折入，並
按壓重疊的部分使其貼合。

18 再次重覆16、17的作業。

＊進行完3次三折疊作業時，麵團
的寬度約為28cm。

整 型

19 改變擀壓方向，與之前呈90度地放入壓麵機內，擀壓成寬30cm、厚3mm大小。

＊再怎麼擀壓寬度都無法達到30cm時，可以在放入擀壓前先以擀麵棍擀壓使其變寬。

＊作業過程中，麵團過軟時，可以用塑膠袋包覆，放入-20℃的冷凍庫冷卻。

20 將麵團橫放在工作檯上，用手一邊依序地提拉起麵團鬆弛。

＊防止分切時麵團緊縮所進行的作業。

21 用刀子將麵團切成30cm寬。對折麵團後沿著折痕分切成15cm寬。

＊為形成漂亮的層次，所有邊緣都用刀子切齊。前後拉動刀子分切，會破壞層次，所以必須由上向下壓切。

22 重疊兩片麵團，在靠近自己的麵團上間隔10cm地做出記號。外側麵團則是錯開5cm地，間隔10cm做出記號。

23 連結自己及外側方向的記號，將麵團分切成等邊三角形。

＊前後拉動刀子分切，會破壞層次，所以必須由上向下壓切。

24 分開重疊的麵團，三角形底部向外，朝著自己的方向輕拉麵團。

25 從外側將少許麵團反折並輕輕按壓。

26 兩手朝自己的方向捲起。

＊為避免層次消失，儘可能不要接觸切面地捲起。捲得過鬆無法膨脹出體積。

27 捲完，接口處朝下排放在烤盤上。

最後發酵

28 在溫度30℃、濕度70%的發酵室內，約發酵60～70分鐘。

＊溫度過高時會使奶油融出，烘焙完成時會變得融油四溢。

烘焙

29 用刷子刷塗蛋液。

＊避免破壞層次，刷毛與捲紋平行地移動刷塗。

30 以上火235℃、下火180℃的烤箱，烘烤15分鐘。

巧克力麵包
Pain au chocolat

折疊麵團捲入巧克力,是法國為數極少,使用巧克力的糕點麵包。
酥脆的麵包與入口即化巧克力的苦甜風味,形成了絕妙的搭配。
法國人相當鍾情的一款麵包,不僅是麵包店、咖啡廳,
連火車站或高速公路休息站,
都可以看到的人氣商品。

製法	直接法
材料	1kg用量(45個)

與可頌麵包相同。請參照P.167的材料表

巧克力(6cm×3cm)	45片
蛋液	

攪拌～折疊	與可頌相同
	請參照P.167的製程表
整型	請參照製作方法
最後發酵	60～70分鐘 30℃ 70%
烘焙	刷塗蛋液
	15分鐘
	上火235℃ 下火180℃

巧克力麵包的剖面

雖然與可頌使用相同的麵團,但麵團沒有
幾層的重疊,只有捲起巧克力的單層整
型,因此層次間隔較大,密度較粗。

攪拌～折疊

1 與可頌製作方法1～18(→P.167)相同。

整型

2 用擀麵棍將完成3次三折疊作業後，再放至冷凍庫靜置的麵團，擀壓成寬31cm的大小尺寸(A)。

＊與最後三折疊的擀壓方向相同，以擀麵棍擀壓。

3 改變擀壓方向與2呈90度，放入壓麵機內，擀壓成寬33cm、厚4mm大小(B)。

＊作業過程中，麵團過軟時，可以用塑膠袋包覆，放入-20℃的冷凍庫冷卻。

4 將麵團橫放在工作檯上，用手一邊依序地提拉起麵團加以鬆弛。

＊防止分切時麵團緊縮所進行的作業。

5 用刀子切分成11cm×8cm的長方形(C)。

＊麵團寬度為33cm，因此分為3等分就是11cm的邊長。前後拉動刀子分切，會破壞層次，所以必須由上向下壓切。

6 在麵團中央擺放巧克力，重疊1.5cm，由外側與靠近自己的方向，向中央折疊麵團，按壓重疊處使其貼合(D)。

＊重疊部分太少時，烘焙過程中接口處會散開，導致巧克力外流。

7 重疊部分朝下，排放在烤盤上(E)。從上方輕輕按壓(F)。

最後發酵

8 在溫度30℃、濕度70%的發酵室內，發酵60～70分鐘(G)。

＊溫度過高時會使奶油融出，烘焙完成時會變得融油四溢。

烘焙

9 用刷子刷塗蛋液(H)。

10 以上火235℃、下火180℃的烤箱，烘烤15分鐘。

A

B

C

D

E

F

G

H

折疊用奶油的整型

1 折疊用奶油在冰涼堅硬的狀態下取出，放於工作檯上，撒上手粉用擀麵棍敲打。

2 整體均勻地敲打。

3 至延展至某個程度後折疊整合。

4 重覆進行2、3的作業至奶油變軟。

5 柔軟至某個程度後，利用敲打、延展，整型為正方形。

6 用刷子刷落多餘的手粉。

＊為避免奶油融化，應迅速作業。
＊奶油表面與內側相同的硬度，雖然冰冷但即使彎曲也不會斷裂的狀態即可。過硬時延展狀態不佳，折疊過程中會造成奶油撕裂，成為僅有麵團延展的狀況；過軟時，奶油會滲入麵團中，使層次不易形成。

丹麥麵包
Danish

丹麥酥皮糕點（Danish Pastries），是在美國得名再傳至日本，最後定名為丹麥麵包。
開始是由維也納傳至歐洲各地的糕點麵包，但最後在丹麥發揚光大，再次風行回歐洲各地。
現在這樣麵團層次分明的丹麥麵包，與可頌相同，都是在20世紀前半完成的種類。

製法　直接法

材料　1kg用量（4種×各12個）

	配方(%)	分量(g)
法國麵包用粉	100.0	1000
砂糖	10.0	100
鹽	1.8	18
脫脂奶粉	4.0	40
小荳蔻（粉）	0.1	1
奶油	8.0	80
新鮮酵母	5.0	50
雞蛋	10.0	100
水	43.0	430
奶油（折疊用）	70.0	700
合計	**251.9**	**2519**

杏仁奶油餡（→P.176）	800g
杏桃（半顆、罐裝）	24片
洋梨（半顆、罐裝）	8大片
糖漬酸櫻桃（→P.176）	800g
鳳梨（罐頭）	12片
蛋液	
熬煮的杏桃果醬（→P.176）、糖粉	

攪拌	直立式攪拌機
	1速3分鐘　3速2分鐘
	揉和完成溫度24℃
冷藏發酵	18小時（±3小時）　5℃
折疊作業	三折疊×3次
	（每一回合後靜置30分鐘）
	−20℃
整型	請參照製作方法
最後發酵	40分鐘　30℃　70%
烘焙	刷塗蛋液
	放入奶油餡、水果
	15分鐘
	上火235℃　下火180℃
完成	刷塗杏桃果醬

預備作業

• 杏桃、洋梨、鳳梨確實瀝乾水分。

攪拌

1 除折疊用奶油以外的材料放入攪拌缽盆中，以1速攪拌3分鐘時，取部分麵團延展確認狀態。

＊材料全部混拌即可。麵團連結較弱、且沾黏。即使慢慢地拉開，麵團也無法延展地被扯斷。

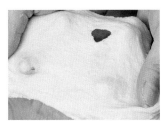

2 以3速攪拌2分鐘，確認麵團狀態。

＊材料均勻混拌，整合成團即可。不沾黏。雖不像可頌麵團那麼硬，但也難以延展。

3 表面緊實地整合麵團，輕輕按壓後放入塑膠袋內。

＊麵團較硬，因此在工作檯上按壓整合成圓形。
＊揉和完成的溫度目標為24℃。

發酵

4 在溫度5℃的冷藏庫內，發酵18小時。

＊因著重在酥脆的口感，所以攪拌後立即冷藏發酵。
＊發酵時間基本為18小時，可以在15～21小時間進行調整。

折疊

5 折疊用奶油在冰涼堅硬的狀態下取出放於工作檯上。撒上手粉用擀麵棍敲打，邊調整奶油的硬度邊將其整型成正方型。（→P.171折疊用奶油的整型）

＊奶油大小約是24cm正方。

6 用擀麵棍將麵團擀壓成較奶油略大的正方形。麵團以45度交錯的角度包覆奶油。

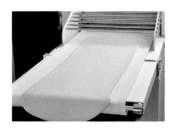

7 用壓麵機擀壓成寬30cm、厚6～7mm的大小，進行三折疊。用塑膠袋包覆住麵團，放入-20℃的冷凍庫內靜置30分鐘。

8 重覆2次步驟7的作業。

＊改變擀壓方向，轉90度放入壓麵機內。

整型

9 用擀麵棍將完成3次三折疊作業後，放至冷凍庫靜置的麵團，擀壓成寬34cm的大小。

＊與最後三折疊的擀壓方向相同地以擀麵棍擀壓。

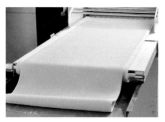

10 改變擀壓方向，與步驟9呈90度地放入壓麵機內，擀壓成寬36cm、厚3mm大小。

＊作業過程中，麵團過軟時，可以用塑膠袋包覆，放入-20℃的冷凍庫冷卻。

11 將麵團橫放在工作檯上，用手從一邊依序地提拉起麵團鬆弛。

＊防止分切時麵團緊縮所進行的作業。

12 用刀子切分成邊長9cm的正方形。

＊麵團寬度為36cm，因此寬度分為4等分，4×12排地做出標記後，先將麵團切分成帶狀，再重疊麵團切成正方型，比較方便作業。

＊前後拉動刀子分切時，會破壞層次，所以必須由上向下壓切。

13 請參照P.175的插圖，將麵團整型。

＊照片中是以糖漬酸櫻桃來整型。

14 排放在烤盤上。

最後發酵

15 在溫度30℃、濕度70%的發酵室內，發酵40分鐘。

＊溫度過高時會使奶油融出，烘焙完成時會變得融油四溢。

烘焙

16 糖漬酸櫻桃：用刷子在麵團上刷塗蛋液，擠上杏仁奶油餡（照片右），再排放糖漬酸櫻桃。

17 杏桃：用刷子在麵團上刷塗蛋液，擠上杏仁奶油餡（照片右），再排放杏桃。

18 鳳梨：用刷子在麵團上刷塗蛋液，擠上杏仁奶油餡（照片右），再排放切成4等分的鳳梨。

19 洋梨：用刷子在麵團上刷塗蛋液，擠上杏仁奶油餡（照片右），再排放切成薄片的洋梨。

20 以上火235℃、下火180℃的烤箱，烘烤15分鐘。

完成

21 冷卻後用刷子刷塗杏桃果醬，再依個人喜好撒上糖粉。

＊果醬熬煮後，在溫熱狀態下使用。

丹麥麵包的整型

杏桃用

依點線對折，確實按壓麵團重疊的中央部分。

洋梨用

依點線折疊，確實按壓麵團重疊的中央部分。

酸櫻桃用

依紅線劃切。依點線折疊，使外側○與內側○重疊。●也同樣作業。確實按壓▲部分。

鳳梨用

依紅線劃切。依點線折疊，使外側○與內側○重疊。●也同樣作業。確實按壓▲部分。

丹麥麵包用
杏仁奶油餡

材料 （800g）

蛋黃	65g
蛋白	95g
杏仁粉	200g
低筋麵粉	40g
奶油	200g
砂糖	200g

1 混合並攪散蛋黃和蛋白。

2 混合杏仁粉與完成過篩的低筋麵粉。

3 將室溫下放至柔軟的奶油放入缽盆內，用攪拌器混拌至滑順。

4 砂糖分數次加入3當中，混拌均勻。

5 逐次少量交替的將1和2加入4當中，並混拌至全體呈平順光滑為止。

熬煮過的
杏桃果醬

材料

杏糖果醬	適量
水	果醬的1成

在鍋中放入杏桃果醬和水混拌，邊加熱邊熬煮。

＊熬煮的程度，約是果醬滴落到不鏽鋼流理台上，冷卻後不會黏手的狀態。熬煮不足時，無法在常溫下凝固，即使刷塗在丹麥麵包上也無法存留在表面。

糖煮酸櫻桃

材料 （800g）

酸櫻桃（罐頭）	500g
罐頭果汁	250g
砂糖	65g
玉米粉	25g

1 在鍋中放入酸櫻桃罐頭中的果汁、砂糖、玉米粉混拌。

2 加熱1的鍋子，邊混拌邊煮至沸騰。

3 加熱至呈透明且產生濃稠後，加入酸櫻桃略煮。

4 櫻桃加熱後，熄火，移至方型淺盤冷卻。
＊濃稠度若不足，在烘焙過程中可能會流出汁液，影響美觀。

油炸的麵包

甜甜圈
Doughnuts

圈狀甜甜圈與螺旋狀甜甜圈，都是在美國進化後製作出的美式甜甜圈代表。原型是被稱為 Olykoek，
在荷蘭是祭祀用，沾裹上堅果再油炸而成的圓形糕點。名稱的由來，正是「在 Dough（麵團）上沾裹 nuts」的意思，
另一個說法則是：「因為圓形麵團油炸後的形狀與堅果相似」而來。

製法 直接法

材料 1.5kg用量(2種×各30個)

	配方(%)	分量(g)
高筋麵粉	70.0	1050.0
低筋麵粉	30.0	450.0
砂糖	12.0	180.0
鹽	1.2	18.0
脫脂奶粉	4.0	60.0
肉荳蔻(粉狀)	0.1	1.5
檸檬皮(磨成屑狀)	0.1	1.5
奶油	5.0	75.0
酥油	7.0	105.0
新鮮酵母	4.0	60.0
蛋黃	8.0	120.0
水	47.0	705.0
合計	**188.4**	**2826.0**

香草糖、肉桂糖、炸油

打發 Creaming	奶油、酥油、砂糖、鹽、 肉荳蔻、檸檬皮、蛋黃
攪拌	直立式攪拌機 1速3分鐘 2速3分鐘 3速6分鐘 揉和完成溫度28℃
發酵	45分　28～30℃　75%
整形	圈狀：以切模按壓
最後發酵	圈狀：30分　35℃　70%
分割	圈狀：40g
中間發酵	麻花狀：10分鐘
整型	麻花狀：棒狀→麻花狀
最後發酵	麻花狀：40分鐘　35℃　70%
油炸	3分鐘　170℃
完成	撒上香草糖或肉桂糖

圈狀甜甜圈的剖面

以擀麵棍輕輕擀壓麵團按壓成型，所以表層外皮薄、而柔軟內側氣泡較粗。

麻花狀甜甜圈的剖面

殘留的麵團重新滾圓，擀壓成棒狀後扭轉成型，相較於圈狀甜甜圈，柔軟內側的氣泡變得較小。反而是表層外皮因麵團受損較大而變厚。此外，扭轉的部分可以看見斷層。

打發 Creaming

1 將奶油和酥油放入桌上型攪拌機的缽盆內，攪拌機裝上網狀攪拌器(Whipper)，攪打至呈柔軟狀態。

＊若奶油和酥油的硬度不同時，先攪打較硬的一方。

2 分數次加砂糖，再混拌使其飽含空氣。

＊隨時刮落沾黏在缽盆壁或網狀攪拌器上的材料，使其均勻混拌。攪拌機底部不易混拌的地方，必須特別注意。

3 加入鹽、肉荳蔻、檸檬皮混拌。分數次加入蛋黃，並不斷地攪拌使其確實飽含空氣。

4 完成打發作業。

＊舀起攪拌器時，不會滑落，固結在網狀攪拌器上的狀態(→P.143奶油打發 Creaming 的目的)。

攪拌

5 將其餘材料與4一起放入直立式攪拌機的攪拌缽盆中，以1速攪拌3分鐘。取部分麵團延展確認狀態。

＊因為一開始就加入了油脂，因此麵團沾黏且延展時麵團立即破損。

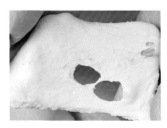

6 以2速攪拌3分鐘，確認麵團狀態。

＊雖然開始連結，但仍是沾黏狀態。

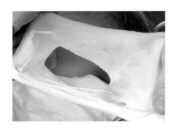

7 以3速攪拌6分鐘，確認麵團狀態。

＊不再沾黏，能薄薄地延展開，但仍有少許不均勻。

8 表面緊實地整合麵團，放入發酵箱內。

＊揉和完成的溫度目標為28℃。

發 酵

9 在溫度28～30℃、濕度75%的發酵室內，進行發酵45分鐘。

＊膨脹至能殘留手指痕跡的程度。

整 型 — 圈狀

10 在板子上舖放布巾撒上手粉，取出麵團，用擀麵棍擀壓成2cm厚。放回相同條件的發酵室內，靜置5分鐘。

＊取出放置在布巾上的麵團，翻轉使平順光滑面朝上，用擀麵棍擀壓。

11 用直徑8cm的切模按壓。

＊切模按壓後稍加扭轉般地取出麵團。

12 中央處再以直徑3cm的切模按壓，整型出圈狀。

＊一個重量約是50～55g。

13 擺放在油炸用網架上。

最 後 發 酵 — 圈狀

14 在溫度35℃、濕度70%的發酵室內，發酵30分鐘。

＊膨脹至能殘留手指痕跡的程度。

分 割・滾 圓 — 麻花狀

15 將取出圈狀麵團後剩餘的麵團分切成40g。

＊盡可能切分成大塊完整的麵團（而非碎塊組成）。

16 用大麵團包覆小麵團，用手掌滾圓成表面平順光滑的狀態。

17 滾圓前與滾圓後的狀態。

滾圓前　　　滾圓後

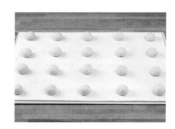

18 排放在舖好布巾的板子上。

中間發酵—麻花狀

19 放置於與發酵時相同條件的發酵室內,靜置10分鐘。

＊充分靜置麵團至彈力幾乎消失為止。

整型—麻花狀

20 用手掌按壓麵團,排出氣體。平順光滑面朝下,由外側朝中央折入⅓,以手掌根部按壓折疊的麵團邊緣使其貼合。麵團轉向180度,同樣地折疊⅓使其貼合。

21 由外側朝內對折,並確實按壓麵團邊緣使其閉合。

22 一邊由上往下輕輕按壓,一邊搓揉麵團,使其成為兩端略細的20cm棒狀。

23 將麵團擺放成橫向的U字型。

24 手掌擺放在麵團上,向自己的方向搓動,就能扭轉出麻花狀。完成時,接合兩端。

25 並排在油炸網架上。

最後發酵—麻花狀

26 在溫度35℃、濕度70%的發酵室內,發酵40分鐘。

＊濕度過高、發酵過度時,會使麵團表面容易產生氣泡,油炸時該部分就會膨脹起來。

油炸・完成

27 圈狀:以170℃的熱油,油炸3分鐘。

＊作業過程中不斷地翻面,使油炸色澤均勻。

28 麻花狀:以170℃的熱油,油炸3分鐘。

＊作業過程中不斷地翻面,使油炸色澤均勻。

29 冷卻後,圈狀甜甜圈沾裹上香草糖;麻花狀甜甜圈沾裹上肉桂糖。

從 Doughnut 至 Donut

甜甜圈是17世紀後半,由荷蘭移民傳至美國的新英格蘭和新阿姆斯特丹(現在的紐約)。在1809年文豪華盛頓・歐文(Washington Irving)的著作－『紐約的歷史』當中,首次介紹了〝Doughnut〞。為什麼從Doughnut變成Donut?則是源於Square Donut Company of America這間公司,1920年8月5日在華盛頓郵報上刊登的廣告。

柏林甜甜圈
Berliner-Krapfen

德國最具代表性的油炸糕點，在美國則稱之為 Jerry Donut。
原是祭祀用的糕點，現在則是日常最受歡迎的油炸點心。
油炸成略為扁平的球狀，再將個人喜好的果醬擠入其中，
表面撒上香草糖即完成。

製法	發酵種法（Ansatz）
材料	2kg用量（95個）

	配方（%）	分量（g）
● Ansatz		
法國麵包用粉	40.0	800
新鮮酵母	3.5	70
牛奶	54.0	1080
● 正式麵團		
法國麵包用粉	60.0	1200
砂糖	10.0	200
鹽	1.2	24
檸檬皮（磨成屑狀）	0.1	2
香草精		適量
奶油	5.0	100
酥油	5.0	100
蛋黃	10.0	200
水	2.0	40
合計	190.8	3816

覆盆子果醬	18g／個
香草糖、炸油	

Ansatz 起種的攪拌	用攪拌器混拌 揉和完成溫度26℃
發酵	40分鐘　28～30℃　75%
正式麵團攪拌	直立式攪拌機 1速3分鐘　2速3分鐘　3速3分鐘 揉和完成溫度28℃
發酵	60分　28～30℃　75%
分割	40g
整型	圓形
最後發酵	45分鐘　（5分鐘按壓） 35℃　70%
油炸	4分鐘　170℃
完成	擠入果醬 撒上香草糖

柏林甜甜圈的剖面

整型成圓形，所以柔軟內側略粗糙，表層外皮則
因為麵團表面高度緊實，所以變薄。

Ansatz 的攪拌

1 Ansatze 發酵種的材料放入缽盆內，以攪拌器混拌。

＊相對於粉類，液體的比例較多，因此牛奶分幾次加入較不易結塊。

2 攪拌至呈滑順狀態即完成。

＊混拌至粉類完全消失為止。拉起攪拌器時某個程度產生黏度時，即已完成。
＊揉和完成的溫度目標為26℃。

3 發酵前的狀態。

發 酵

4 在溫度28～30℃、濕度75%的發酵室內，進行發酵40分鐘。

正式麵團攪拌

5 除了水之外的正式麵團材料和步驟4的Ansatz發酵種，放入直立式攪拌機的攪拌缽盆內，以1速攪拌。過程中添加剩餘的水分以調節麵團的硬度。

6 攪拌3分鐘時，取部分麵團拉開延展以確認狀態。

＊一開始就加入油脂，因此麵團十分沾黏，延展麵團時立刻就會破裂。

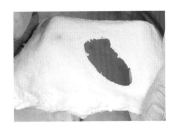

7 以2速攪拌3分鐘，確認麵團狀態。

＊麵團連結增強，但仍沾黏，還不能薄薄地延展。

8 以3速攪拌3分鐘，確認麵團狀態。

＊麵團不再沾黏，仍有少許不均勻，但已能薄薄地延展麵團了。

9 使表面緊實地整合麵團，放入發酵箱。

＊揉和完成的溫度目標為28℃。

發 酵

10 在溫度28～30℃、濕度75%的發酵室內，發酵60分鐘。

＊膨脹至能殘留手指痕跡的程度。

分 割

11 將麵團取出至工作檯上，分切成40g。

整 型

滾圓前　　　　滾圓後

12 用手掌按壓麵團，排出氣體，平順光滑面為表面地滾動使其成圓形。捏緊底部使其閉合。

＊確實地排氣才能整型成漂亮的圓形。

13 閉合接口處朝下,排放在鋪有布巾的板子上。

14 在溫度35℃、濕度70%的發酵室內,發酵5分鐘。

15 以板子按壓麵團使其扁平。

＊麵團呈圓形,在油炸時會不安定容易上下翻轉,因此按壓成圓盤狀。

16 排放在油炸網架上。

17 放回與發酵相同條件的發酵室內,再發酵40分鐘。

＊濕度過高、發酵過時時,會使麵團表面容易產生氣泡,油炸時該部分就會膨脹起來。

油炸

18 以170℃的熱油,油炸4分鐘。

＊作業過程中不斷地翻面,使油炸色澤均勻。

完成

19 溫熱時,用筷子在麵團側面刺出孔洞。

20 將覆盆子果醬放入裝有直徑5mm圓形擠花嘴的擠花袋內,從刺出的孔洞擠入甜甜圈內。

＊在柔軟內側仍溫熱時進行,果醬比較容易擠入。

21 冷卻後沾裹上香草糖。

何謂 Ansatz?

　　Ansatz在德文中是「開始」、「契機」的意思,在製作糕點、麵包業界,是起種的意思。只是在製作方法分類上,Ansatz屬於發酵種中的液種,屬於常溫短時間發酵的種類。

　　基本上是水(或牛奶)與粉類以1:1的配方混拌,但實際上也有水1.0相對粉類0.8～1.2程度的變化。發酵時間非常短為30～1小時,因此添加酵母的用量,新鮮酵母相對於粉類,高達6～8%,在30℃左右的環境下發酵。

咖哩麵包

與糕點麵包（菓子麵包）相同，誕生於日本的咖哩麵包則是調理麵包的代表。
在明治時代後期至昭和時代初期，經過長時間的歲月孕育而成的油炸麵包，
具體的起源已不可考。
麵團包著咖哩內餡，沾裹著麵包粉油炸的咖哩麵包，
據說是結集了當時最風行的洋食咖哩，與炸肉餅的特色而成，
不愧是洋食與麵包的最佳結合。

製法　直接法

材料　2kg用量(83個)

	配方(%)	分量(g)
高筋麵粉	80.0	1600
低筋麵粉	20.0	400
砂糖	10.0	200
鹽	1.5	30
脫脂奶粉	4.0	80
酥油	10.0	200
新鮮酵母	3.0	60
蛋黃	8.0	160
水	52.0	1040
合計	**188.5**	**3770**

咖哩內餡(市售)	40g / 個
麵包粉、炸油	

攪拌	直立式攪拌機 1速3分鐘　2速2分鐘　3速3分鐘 油脂　2速2分鐘　3速4分鐘 揉和完成溫度28℃
發酵	50分　28～30℃　75%
分割	45g
中間發酵	15分鐘
整型	請參照製作方法
最後發酵	40分鐘　35℃　70%
油炸	3分鐘　170℃

咖哩麵包的剖面

油炸時麵團急遽膨脹，因此內餡和上方麵團間會形成空洞，這是必然的現象。上方與下方的麵團厚度均勻即可。

攪拌

1 除了酥油以外的材料一起放入攪拌缽盆中，以1速攪拌。

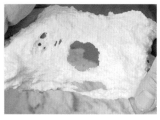

2 攪拌3分鐘時，取部分麵團延展確認狀態。

＊麵團沾黏、連結力弱表面粗糙。

3 以2速攪拌2分鐘，確認麵團狀態。

＊仍是沾黏狀態但連結增強。

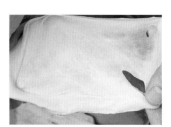

4 以3速攪拌3分鐘，確認麵團狀態。

＊不再沾黏，稍能薄薄地延展麵團，但仍不均勻。

5 加入酥油，以2速攪拌2分鐘，確認麵團狀態。

＊加入油脂後麵團的連結變弱，延展麵團時產生破損。

6 以3速攪拌4分鐘，確認麵團狀態。

＊麵團連結再次變強，可以薄薄均勻地延展開麵團，但仍有少許不均勻。

7 表面緊實地整合麵團，放入發酵箱內。

＊揉和完成的溫度目標為28℃。

發酵

8 在溫度28～30℃、濕度75%的發酵室內，進行發酵50分鐘。

＊膨脹至能殘留手指痕跡的程度。

分割‧滾圓

9 將麵團取出至工作檯上，分切成45g。

10 確實滾圓麵團。

滾圓前　　　滾圓後

11 排放在舖有布巾的板子上。

中間發酵

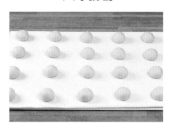

12 放回與發酵相同條件的發酵室內，靜置15分鐘。

＊充分靜置麵團至緊縮的彈力消失為止。

整型

13 用手掌按壓麵團，排出氣體。

14 平順光滑面朝下地擺放在手掌上。以刮杓舀起咖哩內餡填入麵團中。

＊內餡滿滿地放置於麵團中央處。

15 彎曲手掌，壓填內餡。

＊麵團邊緣沾到內餡，會導致不易閉合。內餡過少時，可在此時補充。填入過多內餡或過度用力填壓時，會導致麵團的破損。

16 用雙手的姆指與食指夾住，按壓麵團邊緣使其閉合。

17 放置於工作檯上，用雙手確實按壓使其黏合。

＊若沒有確實閉合，在最後發酵或油炸時，內餡的油脂會從接口處流出。

18 使接口處位於中央地放置，並從下按壓使其扁平。

19 整型後的麵團表面（圖下方）和背面（圖上方）。

20 沾浸在溫水中使表面濕濕，裹上麵包粉。

21 接口處朝下地排放在油炸烤網上。

最後發酵

22 在溫度35℃、濕度70%的發酵室內，發酵40分鐘。

＊膨脹至能殘留手指痕跡的程度。

油炸

23 以170℃的熱油，油炸3分鐘。

＊作業過程中不斷地翻面，使油炸色澤均勻。

9

特殊的麵包

特殊的麵包
Brezel

壓成細長的麵團形成特殊形狀的麵包，語源是手腕或腕鏈的意思。
在德國麵包店、啤酒屋或街角的小攤販等隨處可見，可以用於佐酒、點心，廣受大家的喜愛。
最受歡迎的種類是 Laugenbrezel（浸泡過鹼水後再烘焙）。

製法 直接法

材料 3kg用量(80個)

	配方(%)	分量(g)
法國麵包用粉	100.0	3000
鹽	2.0	60
脫脂奶粉	2.0	60
酥油	3.0	90
新鮮酵母	2.0	60
水	52.0	1560
合計	161.0	4830

鹼性溶液(Lauge)*、粗鹽

*在水中溶入氫氧化鈉(苛性鈉)的鹼性溶液,使用
3%濃度的溶液。因為氫氧化鈉是強鹼物質,溶液
在使用上必須多加留意。

攪拌	螺旋式攪拌機
	1速20分鐘　2速3分鐘
	揉和完成溫度26℃
發酵	30分　28～30℃　75%
分割	60g
中間發酵	15分鐘
整型	請參照製作方法
最後發酵	30分鐘　35℃　70%
烘焙	冷卻10分鐘　浸泡鹼水
	劃切割紋、撒上粗鹽
	16分鐘
	上火230℃　下火190℃

布雷結的剖面

浸泡鹼水後烘焙而成,因此形成茶色、具
光澤特色皮膜的表層外皮。整型時會相當
用力的擀壓麵團,所以柔軟內側的氣泡大
部分是被壓扁的狀態。

攪拌

1 將所有的材料放入攪拌缽盆
中,以1速攪拌20分鐘。

2 攪拌3分鐘的麵團狀態。

＊材料雖然均勻混拌,但麵團整合
狀況不佳,表面乾燥、連結性差,
麵團硬所以不太沾黏。

3 攪拌10分鐘的麵團狀態。

＊麵團開始連結,表面也開始略為
平滑。

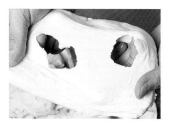

4 攪拌20分鐘時,取部分麵
團延展確認狀態。

＊開始略可延展,但薄薄延展時麵
團會破損。

5 以2速攪拌3分鐘,確認麵
團狀態。

＊雖然麵團仍硬,但已是可延展的
狀態。

6 緊實表面地整合麵團,放
入發酵箱內。

＊麵團較硬,因此在工作檯上按
壓,整合成圓形。
＊揉和完成的溫度目標為26℃。

發酵

7　在溫度28～30℃、濕度75%的發酵室內，發酵30分鐘。

＊因為是較硬的麵團，發酵時間也短，因此不太會膨脹。與其說發酵，不如說是為了消除麵團彈力的靜置。

分割・滾圓

8　將麵團取出至工作檯上，分切成60g。

9　滾圓麵團。

＊麵團較硬，因此在工作檯上按壓整合成圓形。

滾圓前　　滾圓後

10　將完成滾圓的麵團，排放在舖有布巾的板子上。

中間發酵

11　放回與發酵相同條件的發酵室內，靜置15分鐘。

＊因為是較硬的麵團，即使充分鬆弛，手指的按壓痕跡仍略會回彈。

整型

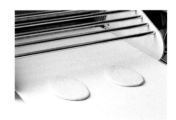

12　用壓麵機擀壓成薄的橢圓形（長徑15cm×短徑10cm）。

＊為使麵團能輕易通過壓麵機，先輕輕按壓麵團。
＊以不會造成麵團負擔地，分別設定成3mm和1.5mm，分兩次擀壓。

13　由外側邊緣略為反折，並輕輕按壓。

14　按壓反折的部分，用另一側的手輕輕拉開麵團，使其延展。

15　由上按壓並朝自己的方向捲起。

＊避免捲入空氣地確實捲動。

16　重覆14和15的作業，就能緊實地捲起麵團，使其成為長20cm的棒狀。

17　由上方一邊按壓，一邊從中央朝兩端滾動，使麵團漸漸變細地搓長成55cm的細長狀。

＊邊前後滾動邊使其向兩端延展。

18　將麵團交叉放置。

19　再次扭轉交叉處。

20　將麵團兩端貼合在靠近中央較粗的部分。

＊用手指確實按壓使其貼合。

21　整理形狀，排放在舖有布巾的板子上。

最後發酵

22　在溫度35℃、濕度70%的發酵室內，發酵30分鐘。

＊麵團會略呈鬆弛狀態，但膨脹力微弱。

烘焙

23　放入5℃的冷藏室內10分鐘，再取出浸泡鹼水。

＊冷卻後麵團會緊縮使得形狀不易受損，也更容易作業。還能讓鹼水更容易附著。

＊盛裝鹼水的容器應避免金屬製品，可以使用塑膠或玻璃製品。作業中不僅是溶液，連沾附溶液的物品都不要直接用手接觸。

24　整理形狀後，排放在烤盤上。

25　較粗的部分劃切1道割紋，撒上粗鹽。

＊與麵團垂直地劃切4〜5mm深。

26　以上火230℃、下火190℃的烤箱，烘烤16分鐘。

布雷結是麵包店的象徵！？

據說古代為防靈驅邪而掛在建築物屋簷的，就是布雷結。關於起源，眾說紛云沒有定論，但可確定已存在於中世紀的歐洲。即使現在，在德式麵包店的屋簷，也仍能看到布雷結招牌或裝飾。雖然不是很清楚從何時起，布雷結開始成為麵包店的象徵，但無論如何只要看到布雷結，就能無誤地確認這是家麵包店。

義式麵包棒
Grissini

Grissini是義大利西北部，皮埃蒙特(Piemonte)地區獨特的麵包，
細長的形狀、爽脆的輕盈口感是其特徵。
據說源自於17世紀，杜林的麵包師，聽從醫生的命令，
為薩伏依(Savoia)家族病弱的王子
(日後的維托里奧·阿梅迪奧二世Vittorio Amedeo II)製作而來。
法國皇帝拿破崙也非常喜愛，因而蔚為佳話。

製法 直接法

材料 1kg用量(166個)

	配方(%)	分量(g)
法國麵包用粉	50.0	500
杜蘭小麥粉	50.0	500
砂糖	3.5	35
鹽	2.0	20
橄欖油	5.0	50
新鮮酵母	3.5	35
水	52.0	520
合計	166.0	1660

攪拌	直立式攪拌機 1速3分鐘　2速6分鐘 揉和完成溫度28℃
發酵	50分　28～30℃　75%
分割	10g
中間發酵	10分鐘
整型	棒狀(25cm)
最後發酵	30分鐘　35℃　70%
烘焙	12分鐘 上火210℃　下火180℃ 蒸氣 ↓ 乾燥烘焙20分鐘 上火200℃　下火170℃

義式麵包棒的剖面
直徑 1.0～1.5cm 的義式麵包棒，其剖
面的表層外皮和柔軟內側呈一體化。與其
說是柔軟內側的氣泡，不如說是數個小孔
洞的狀態。

攪拌

1 將所有材料放入攪拌缽盆中，以1速攪拌。

2 攪拌3分鐘時，取部分麵團延展，以確認狀態(A)。

＊粉類完全消失，材料均勻混拌，但麵團尚無法成團，表面乾燥、連結較弱。因為是較硬的麵團，比較不會沾黏。

3 以2速攪拌6分鐘，確認麵團狀態(B)。

＊表面變得光滑，能整合成團，但連結力稍弱。

4 使表面緊實地整合麵團，放入發酵箱內(C)。

＊揉和完成的溫度目標為28℃。

發酵

5 在溫度28～30℃、濕度75%的發酵室內，發酵50分鐘(D)。

＊確認充分膨脹的程度。

分割‧滾圓

6 將麵團取出至工作檯上，分切成10g。

7 放在手掌上滾圓。

＊麵團硬且小，放在手掌上較容易進行滾圓。

8 排放在舖有布巾的板子上。

中間發酵

9 放置於與發酵時相同條件的發酵室內，靜置10分鐘。

＊充分靜置麵團至緊縮的彈力消失為止。

整型

10 用手掌按壓麵團，排出氣體。

11 平順光滑面朝下，由外側朝中央折入⅓，以手掌根部按壓折疊的麵團邊緣使其貼合。

12 麵團轉180度，同樣地折疊⅓使其貼合。

13 由外側朝內對折，並確實按壓麵團邊緣使其閉合。

14 一邊由上往下輕輕按壓，一邊搓揉滾動麵團，使其成為25cm的棒狀(E)。

＊因為是較硬的麵團，在工作檯上確實地按壓滾動。

15 排放在烤盤上(F)。

最後發酵

16 溫度35℃、濕度70%的發酵室內，發酵30分鐘(G)。

＊使其充分發酵。發酵不足時接口處會產生裂紋。

烘焙

17 以上火210℃、下火180℃的烤箱，放入蒸氣，烘烤12分鐘。

＊這個階段雖然外側堅硬，但中央部分仍殘留水分，所以是柔軟的。

18 取出後，全部一起放置於烤盤上。

19 以上火200℃、下火170℃的烤箱，烘烤20分鐘使其乾燥(H)。

＊為使其均勻乾燥，中途可以不斷上下交替放置，使中央部分完全乾燥。

A

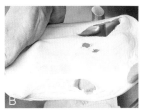

B

C

D

E

F

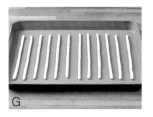

G

H

英式馬芬
English muffin

在英國提到馬芬，指的就是這個早餐不可缺的麵包。
在蛋糕式馬芬十分受到歡迎的美國及日本，為了加以區隔，稱之為英式馬芬。
曾有英國人是這麼說的：「烤一下用手剝開形成凹凸不平剖面的馬芬，
才能品嚐到真正的風味。用刀子切是作夢也不會發生的事」。

製法　直接法

材料　3kg用量(95個)

	配方(%)	分量(g)
法國麵包用粉	100.0	3000
砂糖	2.0	60
鹽	2.0	60
脫脂奶粉	2.0	60
奶油	2.0	60
新鮮酵母	2.0	60
水	80.0	2400
合計	190.0	5700

粗玉米粉(corn grits)

攪拌	螺旋式攪拌機
	1速5分鐘　　2速3分鐘
	油脂　　1速3分鐘　　2速10分鐘
	揉和完成溫度26℃
發酵	80分(40分鐘時壓平排氣)
	28～30℃　　75%
分割	60g
整型	圓形
最後發酵	60分鐘　　38℃　　75%
烘焙	噴撒水霧、撒上粗玉米粉
	蓋上蓋子
	18分鐘
	190℃　　下火240℃

預備作業

· 馬芬模型(直徑10cm)內塗抹酥油，撒上粗玉米粉。模型蓋也塗抹酥油。

英式馬芬的剖面

放入圓形麵團專用的模型，避免著色地進行烘烤，因此表層外皮泛白且薄。柔軟內側近似海綿蛋糕，細小的氣泡均勻分散。

攪拌

1 除了奶油以外的所有材料放入攪拌缽盆中，以1速攪拌。

2 攪拌5分鐘時，取部分麵團延展，以確認狀態(A)。

＊因為是非常柔軟的麵團，相當沾黏且延展時麵團就破損了。

3 以2速攪拌3分鐘，確認麵團狀態(B)。

＊麵團稍有連結，但仍沾黏，無法延展。

4 加入奶油，以1速攪拌3分鐘，確認麵團狀態(C)。

＊連結變弱，也變得更柔軟。

5 以2速攪拌10分鐘，確認麵團狀態(D)。

＊雖然仍沾黏，但已可以薄薄地延展開了。

6 使表面緊實地整合麵團，再放入發酵箱內(E)。

＊揉和完成的溫度目標為26℃。

發酵

7 在溫度28～30℃、濕度75%的發酵室內，發酵40分鐘。

＊稍早地完成發酵。約是手指痕跡按壓後略為回復的程度。

壓平排氣

8 按壓全體，從左右朝中央折疊按壓，再由上下折疊按壓進行〝強力的壓平排氣〞(→P.39)，再放回發酵箱內。

＊強化柔軟麵團，使其緊實地進行強力的壓平排氣。

發酵

9 放回相同條件的發酵室內，再繼續發酵40分鐘(F)。

＊膨脹至能殘留手指痕跡的程度。

分割

10 將麵團取出至工作檯上，分切成60g。

整型

11 用手掌按壓麵團，排出氣體，平順光滑面為表面地確實滾圓。捏合底部接口處。

＊確實排氣並整形成漂亮的圓形。

12 接口處朝下地放入模型內(G)。

最後發酵

13 在溫度38℃、濕度75%的發酵室內，發酵60分鐘。

＊約使麵團達模型容積的7成為標準。過度發酵會導致烘烤時麵團由模型蓋的間隙溢出。

烘焙

14 噴撒水霧，在表面全體撒上粗玉米粉，蓋上模型蓋(H)。

15 以上火190℃、下火240℃的烤箱，烘烤18分鐘。

＊由烤箱取出時，除去模型蓋，連同模型一起摔落至板子上，立刻脫模。

A

B

C

D

E

F

G

H

何謂英式馬芬？

誕生於英國的這種馬芬，是以1949年在美國開發的Brown 'N Serve＊為原型，至1960年代在美國蔚為風潮。

通常麵包是以200℃左右烘焙而成，但Brown 'N Serve約是以140℃左右的低溫烘焙。因為馬芬是以附蓋的厚模型烘烤，即使是較高溫，烘焙成品仍是白色的。

19世紀左右，在倫敦街角常可見到將馬芬盛放於托盤，頂在頭上，邊搖手鈴邊販賣的〝馬芬人〞身影。馬芬人甚至還出現在鵝媽媽童謠中。

＊不烤上色，在半完成狀態下冷凍保存，食用時，再放入烤箱或烤麵包機加熱，即可享受剛出爐的麵包風味。

貝果
Bagel

貝果是燙煮後再烘焙，打破尋常做法的麵包，
約是從1980年開始流行於北美。烘焙燙煮後表面糊化的麵團，
因此口感變得十分Q彈、有嚼感。
最近，不僅在美國，連日本都非常受到歡迎。
添加了副材料的貝果也很多，作為三明治的變化也非常豐富。

	製法	直接法

材料 2kg用量(33個)

	配方(%)	分量(g)
法國麵包用粉	80.0	1600
低筋麵粉	10.0	200
裸麥粉	10.0	200
砂糖	3.0	60
鹽	2.0	40
新鮮酵母	2.0	40
水	58.0	1160
合計	165.0	3300

麥芽糖精(燙煮用)	燙煮熱水的3%

攪拌	螺旋式攪拌機 1速10分鐘　2速4分鐘 揉和完成溫度26℃
發酵	30分　28～30℃　75%
分割	100g
整型	棒狀(20cm)→圈狀
最後發酵	30分鐘　32℃　75%
燙煮	2分鐘　90℃
烘焙	18分鐘 上火230℃　下火190℃

貝果的剖面

藉由燙煮糊化麵團表面，與其說是表層外
皮，不如說它是具有厚度的表皮。是相當
硬質的麵團，薄薄擀壓後再整型成棒狀，
因此柔軟內側的氣泡細且呈紮實狀態。

攪拌

1 將所有材料放入攪拌缽盆中，以1速攪拌。

2 攪拌3分鐘後的麵團狀態。

＊材料雖均勻混拌，但難以成團，表面乾燥，連結較弱。麵團較硬所以不太沾黏。

3 攪拌10分鐘時，取部分麵團延展確認狀態。

＊略可延展，但要薄薄延展時麵團就會破損。

4 以2速攪拌4分鐘，確認麵團狀態。

＊麵團仍硬，但已可稍薄地延展開了。

5 使表面緊實地整合麵團，放入發酵箱內。

＊麵團較硬，因此在工作檯上按壓整合成圓形。
＊揉和完成的溫度目標為26℃。

發酵

6 在溫度28～30℃、濕度75％的發酵室內，發酵約30分鐘。

＊因為是較硬的麵團，發酵時間也短，因此不太會膨脹。與其說使其膨脹，不如說是為了消除麵團彈力的靜置意味較濃。

分割

7 將麵團取出至工作檯上，分切成100g。

＊之後立刻擀壓成長方形，所以儘量分切成四角形。

整型

8 用擀麵棍確實排出氣體，擀壓成長方形。

9 平順光滑面朝下，縱向放置，由外側朝身體方向折入⅓，以手掌根部按壓折疊的麵團邊緣使其貼合。

10 身體方向也同樣地折疊⅓使其貼合。

11 由外側朝身體方向折入，以手掌根部按壓折疊的麵團邊緣使其貼合。

12 由外側朝內對折，並確實按壓麵團邊緣使其閉合。由上輕輕按壓，滾動麵團使其成為20cm的棒狀。

13 接口處朝上，用擀麵棍將單邊薄薄地擀壓開。

14 將另一端放置在擀壓成薄平狀的麵團上，使其成為圈狀。

15 壓薄平的一端包覆另一端，捏緊使其貼合。

16 使捏緊貼合的接口處，與原麵團接口處成為一直線。

17 閉合接口處朝下，放置在舖著布巾的板子上。

最後發酵

18 溫度32℃、濕度75%的發酵室內，發酵30分鐘。

＊與其說使其膨脹，不如說是為了消除麵團彈力的靜置。但若是發酵不足，燙煮時接口處就會散開了。

烘焙

19 將麥芽糖精溶入90℃的熱水中，單面各煮1分鐘。

＊閉合接口處朝上，從表面開始燙煮，之後就能烘焙出漂亮的表面了。

20 燙煮後會稍稍膨脹。

＊冷卻時麵團會沈陷且變硬，即使烘烤也不容易膨脹，因此趁熱放入烘焙。

燙煮前　　　燙煮後

21 瀝乾水分，接口處朝下地排放在烤盤上。

＊確實瀝乾水分。因為是添加了麥芽糖精的熱水，若殘留過多的水分，會容易沾黏在烤盤上。

烘焙

22 以上火230℃、下火190℃的烤箱，烘烤18分鐘。

史多倫聖誕麵包
Christstollen

RICH類（高糖油配方）的發酵麵團，加入大量乾燥水果，
紮實地烘烤出的德國糕點。雖然大都被稱為史多倫麵包，但正如其名，
原本是聖誕節祭祀用的糕點。據說原本的形狀就像是用布包裹著聖嬰，
14～15世紀的文獻中都有提及，是一款具悠久歷史的麵包。

製法　發酵種法（Ansatz）

材料　1.25kg用量（8個）

	配方（%）	分量（g）
● Ansatz		
法國麵包用粉		250
新鮮酵母		75
牛奶		220
● 正式麵團		
法國麵包用粉		1000
杏仁膏（raw marzipan）		200
砂糖		125
鹽		12
奶油		500
蛋黃		60
小荳蔻（粉）		1
肉荳蔻（粉）		2
糖漬水果		1300
合計		**3745**

● 酒漬水果 *	
加州葡萄乾、無子葡萄乾	各500
糖漬橙皮	200
糖漬枸櫞皮（Cédrat）	100
香草莢	2支
蘭姆酒、香橙酒、白蘭地、雪莉酒	各適量

澄清奶油Clarified butter、香草糖

＊酒漬水果的製作方法：乾燥水果先以溫水洗淨
後，瀝乾水分。切碎糖漬橙皮和糖漬枸櫞皮。混合
所有材料浸漬2～3個月。酒類可以依個人喜好來
使用。

Ansatz的攪拌	用木杓混拌 揉和完成溫度26℃
發酵	40分鐘　28～30℃　75%
打發 Creaming	杏仁膏、砂糖、鹽、小荳蔻、 肉荳蔻、奶油、蛋黃
正式麵團攪拌	直立式攪拌機 1速3分鐘　2速3分鐘 水果　2速2分鐘～ 揉和完成溫度26℃
分割	450g
整型	請參照製作方法
最後發酵	60分鐘　30℃　70%
烘焙	50分鐘（20分鐘時取下鋁箔紙） 上火210℃　下火160℃
完成	塗抹澄清奶油 撒上香草糖

預備作業

・在烤盤上舖放鋁箔紙，刷塗澄清奶油 Clarified
butter。
・酒漬水果先用網篩瀝乾水分，除去香草莢。

Ansatz 的攪拌

1 Ansatz 的材料放入缽盆內，以木杓混拌。

7 分數次加入奶油，混拌使其飽含空氣。

＊隨時刮落沾黏在缽盆或網狀攪拌器上的材料，使其均勻混拌。攪拌機底部不易混拌之處，必須特別注意。

2 混拌至均勻開始產生黏度時，即已完成。

＊確實混拌至粉類完全消失為止。拉起攪拌器產生黏度時，即已完成。
＊揉和完成的溫度目標為26℃。

8 加入蛋黃，再混拌至使其飽含空氣。

3 發酵前的狀態。

9 完成打發作業。

＊拉起網狀攪拌器時，不會滑落地固結在攪拌器上的狀態。（→P.143 奶油打發 Creaming 的目的）

發 酵

4 在溫度 28 ～ 30℃、濕度 75% 的發酵室內，發酵40分鐘。

正式麵團攪拌

10 將法國麵包用粉、9、3的 Ansatz 放入直立式攪拌機的攪拌缽盆內，以1速攪拌。

＊必要時以牛奶（用量外）調節麵團的硬度。

打發 Creaming

5 在桌上型攪拌機的缽盆內放入撕成小塊的杏仁膏、砂糖、鹽、小荳蔻、肉荳蔻。

11 攪拌3分鐘時，取部分麵團拉開延展以確認狀態。

＊麵團硬且乾燥。幾乎沒有連結，延展麵團時立刻就會破裂。

6 攪拌機裝置上網狀攪拌器（Whipper），攪打至杏仁膏變細碎粒為止，混拌2～3分鐘。

12 以2速攪拌3分鐘，確認麵團狀態。

＊全體可以整合成團，略有連結、具彈力。

13 加入酒漬水果，以2速攪拌混合。

＊全體均勻混合後，攪拌完成。
＊揉和完成溫度26℃

分割

14 將麵團取出至工作檯上，分切成450g。

整型

滾圓前　　滾圓後

15 滾圓麵團。

＊因為麵團會有點沾黏，所以在工作檯上按壓滾圓。注意避免麵團撕裂。

16 用手掌根部按壓麵團中央，使其形成凹槽。

17 由外側朝內對折，滾動麵團使其成為20cm長的棒狀。

18 閉合接口處朝上，留下兩端地用擀麵棍僅擀壓中央部分。

＊麵團的連結力較弱，擀壓得過薄會導致麵團的撕裂。

19 將未擀壓的外側向內折，但不完全重疊。

20 用擀麵棍輕輕平整折疊後的外側麵團，以調整形狀。

21 排放在烤盤上。

22 用刷子刷塗澄清奶油。彷彿包覆全體麵團般地以鋁箔紙覆蓋，調整形狀。

＊澄清奶油以溫熱的狀態下刷塗。

最後發酵

23 在溫度30℃、濕度70%的發酵室內，發酵60分鐘。

＊雖然不太會膨脹，但要發酵至用手指按壓時，會留下手指痕跡的程度。
＊為了更容易瞭解狀態，可揭開鋁箔紙，但實際上可以由邊緣觀察確認其狀態。

烘焙

24 以上火210℃、下火160℃的烤箱，烘烤20分鐘，揭開鋁箔紙。

＊小心仔細地除去鋁箔紙，防止因沾黏而損及麵團表面。

25 放回相同條件的烤箱，繼續烘烤30分鐘。

完成

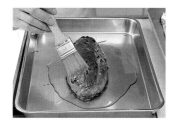

26 趁熱在全體刷塗大量澄清奶油，使其滲入。

＊底面也要刷塗。

27 在全體表面撒上香草糖。

史多倫聖誕麵包的剖面

是副材料配方很多的麵團，低溫長時間烘焙而成，表層外皮相當厚。柔軟內側因麵團與乾燥水果的密度很高，因此非常紮實。

史多倫麵包的保存與食用方法

相較於剛烘烤完的史多倫麵包，放置數日或數週使其熟成後會變得更加美味，因此放涼後用保鮮膜包妥，放置一週後味道會更滲入其中。在陰涼之處約可保存一個月以上。食用時可以除去多餘的香草糖，在全體表面撒上糖粉切成厚約1cm，但首先要從中間對半切開，每天依食用片數再由中間朝邊緣切片。其餘的麵包可以切口對切口地貼合，防止乾燥地包妥保鮮膜。

多瞭解一點史多倫麵包的歷史

史多倫的歷史可以追溯到中世紀。在1329年，德國沿著薩勒河（Saale）的街道，瑙姆堡（Naumburg）的Heinrich主教就曾將烘焙糕點作為聖誕贈禮獻上的記錄。根據當時基督教的教義，待降節（Advent）的麵包或糕點，禁止使用乳製品或雞蛋，因此烘焙的糕點僅以麵粉、酵母和水來製作。形狀就是以布巾包裹著聖嬰耶穌為象徵。

德國烏姆（Ulm）的麵包博物館前館長，Irene Krauß所著作的『Chronik bildschöner Backwerke了不起的烘焙糕點年代記』，書中記載著「在中世紀修道院，簡單的由粉類、酵母、水等製作，烘烤出齋戒期間食用的麵包」，由此可知這應該是史多倫麵包的原型，但可以想見與現在的史多倫麵包有著相當大的差異。

至15世紀後半，德勒斯登（Dresden）開始出現了「Christ brot基督麵包」的名稱，St Bartholomaus Hospital的請求書上，就出現了齋戒期間的烘烤點心史多倫麵包，同時得到教皇Innocentius八世頒發了著名的「奶油特許」（奶油許可證），以書面允許齋戒期間食用攝取乳製品。

之後，據說由宮廷糕點師Heinrich之手，將乾燥水果與堅果添加至麵團中，而成了現今廣為人知，聖誕祝福所享用的糕點。16世紀，德國最早的聖誕市集Dresdner Striezelmarkt，就有販售「基督聖誕麵包」。在1730年，薩克森公國（Kurfürstentum Sachsen）為了軍事遊行宴，而訂製了重達1.8噸的史多倫麵包與德勒斯登的麵包組合，100個人花了近一週的時間才製作完成，據說用了1.6m長的刀來分切。

享用史多倫麵包的時間

11月底大約在第4週，以聖誕節前的待降節期間為主。並不是難以決定精確的日期，而是到了那段時期，就會覺得「差不多是這個時間……」地開始食用。食用的頻率和分量也會因地區和家庭而有不同。

史多倫麵包也活躍於饋贈送禮

麵包、糕點店排放著聖誕節相關商品，約是從11月11日的聖馬丁節（Sankt Martinstag）結束後開始。一到了這個時期，店內就會開始換上聖誕裝飾。因此11月中旬，最遲也會在待降節開始，就可以在各店家看見史多倫麵包了。

史多倫麵包與一般的麵包或糕點不同，是一款非日常且具季節感的昂貴糕點。就像日本到了歲末，進入12月時會對朋友或工作相關的同事饋贈謝禮般。對於平日而言略為奢侈的史多倫麵包，就是最適合的饋贈禮物了。

酸種的麵包

初種
Anstellgut

所謂初種是成為酸種，裸麥的乳酸發酵種，在德文當中稱為Anstellgut。
通常，從起種起經過4～5天的發酵、熟成，才能完成。
之後，由此初種開始製作酸種，進而再完成正式麵團。

第1天

材料	分量(g)
裸麥粉	1000
水	680
裸麥粉	1000
合計	**2680**

攪拌	直立式攪拌機 1速2分鐘 2速1分鐘 揉和完成溫度28～30℃
發酵	24小時 30℃ 75%

攪拌

1 裸麥粉1000g和水放入攪拌缽盆中，以1速攪拌2分鐘(A)。

2 以2速攪拌1分鐘，再確認麵團狀態(B)。

＊揉和完成的溫度目標為28～30℃。

3 取出麵團整合後放入發酵箱內(C)。

4 撒上1000g的裸麥粉(D)。

發酵

5 在溫度30℃、濕度75%的發酵室內，發酵24小時(E)。

第2天①

材料	分量(g)
第1天的麵團	全量
水	1000
合計	**3680**

攪拌	直立式攪拌機 1速2分鐘 2速1分鐘 揉和完成溫度24～26℃
發酵	8小時 25℃ 75%

攪拌

6 第1天的麵團和水放入攪拌缽盆中，以1速攪拌2分鐘(F)。

7 以2速攪拌1分鐘，確認麵團狀態(G)。放入發酵箱內(H)。

＊揉和完成的溫度目標為24～26℃。

發酵

8 在溫度25℃、濕度75%的發酵室內，發酵8小時(I)。

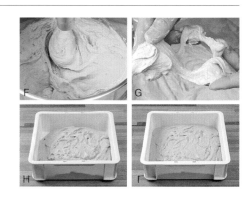

第2天②

材料	分量(g)
第2天①的麵團	全量
裸麥粉	900
水	200
合計	**4780**

攪拌	直立式攪拌機 1速2分鐘 2速1分鐘 揉和完成溫度22～24℃
發酵	16小時 22℃ 75%

攪拌

9 第2天①的麵團、裸麥粉和水放入攪拌缽盆中，以1速攪拌2分鐘(J)。

10 以2速攪拌1分鐘，確認麵團狀態(K)。放入發酵箱內(L)。

＊揉和完成的溫度目標為22～24℃。

發酵

11 在溫度22℃、濕度75%的發酵室內，發酵16小時(M)。

第3天①

材料	分量(g)
第2天②的麵團	750
裸麥粉	500
水	500
合計	**1750**

攪拌	直立式攪拌機 1速2分鐘 2速1分鐘 揉和完成溫度24～26℃
發酵	8小時 25℃ 75%

攪拌

12 第2天②的麵團750g、裸麥粉和水放入攪拌缽盆，以1速攪拌2分鐘(N)。

13 以2速攪拌1分鐘，再確認麵團狀態(O)。

＊揉和完成的溫度目標為24～26℃。

14 取出麵團，放入發酵箱內(P)。

發酵

15 在溫度25℃、濕度75%的發酵室內，發酵8小時(Q)。

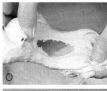

第3天②

材料	分量(g)
第3天①的麵團	1500
裸麥粉	800
水	400
合計	**2700**

攪拌	直立式攪拌機 1速2分鐘 2速1分鐘 揉和完成溫度22～24℃
發酵	16小時 22℃ 75%

攪拌

16 第3天①的麵團1500g、裸麥粉和水放入攪拌缽盆，以1速攪拌2分鐘(R)。

17 以2速攪拌1分鐘，再確認麵團狀態(S)。

＊揉和完成的溫度目標為22～24℃。

18 取出麵團，放入發酵箱內(T)。

發酵

19 在溫度22℃、濕度75%的發酵室內，發酵16小時(U)。

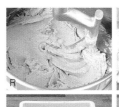

第4天

材料	分量(g)
第3天②的麵團	1500
裸麥粉	800
水	400
合計	**2700**

攪拌	直立式攪拌機 1速2分鐘 2速1分鐘 揉和完成溫度22～24℃
發酵	24小時 22℃ 75%

攪拌

20 第3天②的麵團1500g、裸麥粉和水放入攪拌缽盆中，以1速攪拌2分鐘(V)。

21 以2速攪拌1分鐘，再確認麵團狀態(W)。

＊揉和完成的溫度目標為22～24℃。

22 取出麵團，放入發酵箱內(X)。

發酵

23 在溫度22℃、濕度75%的發酵室內，發酵24小時(Y)。

第5·6天

材料	分量(g)
前一天的麵團	1500
裸麥粉	800
水	400
合計	**2700**

攪拌	直立式攪拌機 1速2分鐘 2速1分鐘 揉和完成溫度22～24℃
發酵	24小時 22℃ 75%

攪拌

24 前一天的麵團1500g、裸麥粉和水放入攪拌缽盆中，以1速攪拌2分鐘。

25 以2速攪拌1分鐘，確認麵團狀態。
＊揉和完成的溫度目標為22～24℃。

26 取出麵團，放入發酵箱內。

發酵

27 在溫度22℃、濕度75%的發酵室內，發酵24小時。照片Z是第5天發酵完成時。

製作初種的重點

攪拌 因裸麥不會形成麵筋組織，因此攪拌作業只需將材料混拌均勻即可完成。麵團非常沾黏。

第1天 在揉和完成的麵團上撒裸麥粉，目的在防止麵團的乾燥。麵團表面形成的龜裂，是確認麵團膨脹程度的標準。

第2·3天 以增殖酵母為主要目的。因酵素是必要的，所以同一天要進行2次續種。考量作業性，第一次的發酵是8小時，第二次發酵則是隔夜的16小時。第一次的時間較第二次短，因此多添加水使其柔軟地完成，也同時提高揉和完成的溫度、發酵溫度等設定。

第4天 主要的目的在於酸的生成，因此只要一天續種1次即可。第四天結束時，初種已經可以使用了，但酸的熟成尚不足，可能會烘烤出刺激性酸味的麵包。

第5~6天 維持續種作業，已經成為柔和酸味和帶著香氣的初種了。香氣是酸種完成的判斷。

注意點 製作初種的重點，是整個作業過程中進行適切的溫度管理。溫度管理不當、續種作業隨便等，可能導致過程中酸種變成褐色。一旦褐色化的酸種，氣味不良、酸味過強，就無法再使用了。

奢華地製作初種

從頭開始起種製作初種，可能在過程中有部分廢棄，或是完成的初種僅有少量能夠使用。為了省下這些無謂的浪費，雖然也可以僅製作使用的部分，但若沒有製作相當的量，就無法安定順利地發酵、熟成。這是微生物世界常有的狀況，有著數量原理、代謝時的蓄熱等各種要素。大量完成的初種，可以利用下列的方法進行保存。

保存數日 冷藏保存(5℃)，回復常溫使用。

保存1～2週 冷凍保存(-20℃)，解凍常溫使用。

保存1個月 添加裸麥粉使其變硬，揉搓成鬆散狀態。放置在常溫通風良好處使其乾燥，之後放置陰涼場所保存。加水重新揉和至柔軟即可使用。

重裸麥麵包
Roggenmischbrot

所謂mischbrot，基本上是裸麥與小麥等量製作的麵包，
Roggen（裸麥）加在前面表示裸麥粉比例較高的意思。
裸麥較多時，柔軟內側的氣泡也會變得更細小，
口感更重，是款潤澤紮實的麵包。

製法	發酵種法（酸種）	
材料	5kg用量（9個）	

	配方(%)	分量(g)
● 酸種		
裸麥粉		1200
初種（→P.206）		120
水		960
合計		**2280**

	配方(%)	分量(g)
● 正式麵團		
法國麵包用粉		2000
裸麥粉		1800
酸種		2160
鹽		90
新鮮酵母		70
水		2640
合計		**8760**

裸麥粉

酸種的攪拌	直立式攪拌機 1速2分鐘　2速1分鐘 揉和完成溫度25℃
發酵	18小時（±3小時） 22～25℃　75%
正式麵團攪拌	螺旋式攪拌機 1速5分鐘 揉和完成溫度28℃
發酵	5分　28～30℃　75%
分割	950g
整型	棒狀（35cm）
最後發酵	60分鐘　32℃　70%
烘焙	劃切割紋 45分鐘 上火230℃　下火230℃ 蒸氣（5分鐘後再排出）

預備作業

· 在發酵藍（口徑：長徑37cm × 短徑14cm）內
撒上裸麥粉。

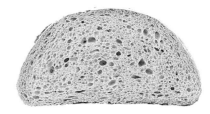

重裸麥麵包的剖面

因裸麥配方較高，麵團連結力較弱，即使是在發
酵藍內進行最後發酵，也會成為略平的半月形剖
面。表層外皮厚，而柔軟內側則混有略為橫長的
橢圓形氣泡。

酸種攪拌

1 將酸種材料放入攪拌機，以1速攪拌2分鐘。

＊材料大致混拌的狀態，黏糊。

2 以2速攪拌1分鐘，確認麵團狀態。

＊材料均勻混拌。沾黏且沒有連結。

3 整合麵團，放入發酵箱內。

＊在發酵箱內輕輕整合麵團。
＊揉和完成的溫度目標為25℃。

發酵

4 在溫度22～25℃、濕度75%的發酵室內，發酵約18小時。。

＊雖然麵團已充分膨脹，但麵團幾乎沒有連結，呈現黏糊狀態。
＊發酵時間基本為18小時，可以在15～21小時間進行調整。

正式麵團攪拌

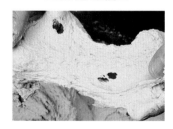

5 將正式麵團材料放入攪拌缽盆內，以1速攪拌5分鐘。取部分麵團拉開延展以確認狀態。

＊麵團的連結仍相當薄弱，呈黏糊狀。即使緩慢延展都會破裂。

6 將裸麥粉撒在板子上。

＊搓拌完成目標溫度28℃。

發酵（Floor Time）

7 在溫度28～30℃、濕度75%的發酵室內，靜置5分鐘。

＊雖然沒有膨脹，但沾黏狀態減緩。

分割・滾圓

8 將麵團取出至工作檯上，分切成950g。在工作檯上撒放手粉，單手按壓麵團，由外側朝中央折疊按壓。

9 徐緩地改變麵團整體的方向，並不斷重覆將麵團朝自己折疊按壓的動作，使表面緊實呈圓形。

10 滾圓前與滾圓後的麵團。

滾圓前　　　滾圓後

整 型

11 平順光滑面朝下，手掌立於麵團中央，按壓出凹槽。

12 從左折疊⅓。

13 以直立手掌按壓麵團邊緣。

14 將麵團轉90度，使折疊處轉至外側，再次確實按壓邊緣。

15 由外側朝中央對折，以手掌根部按壓折疊的麵團邊緣使其貼合。

＊力道過度用力按壓時，會使麵團斷裂，所以必須緩慢地按壓。

16 由上一邊輕輕按壓，邊滾動麵團使其成為35cm的棒狀。

17 接口處朝上地放入發酵藍內。

＊手持麵團兩端，由中央部分開始放入。發酵藍內的手粉容易脫落應注意避免觸及。

18 最後發酵前的狀態。

最後發酵

19 在溫度32℃、濕度70%的發酵室內，發酵60分鐘。

＊濕度過高會使麵團容易沾黏在發酵藍上。
＊未充分發酵的麵團，在烘焙時容易產生裂紋。

烘焙

20 倒扣發酵藍將麵團移至滑送帶(slip belt)。

＊邊注意麵團是否沾黏地將麵團倒出。若有沾黏時，輕輕搖動發酵藍使麵團落下。

21 劃切割紋。

＊與麵團垂直地以刀子劃切5mm深的割紋。

22 以上火230℃、下火230℃的烤箱，放入蒸氣，烘烤45分鐘。經過5分鐘後打開閥門排出蒸氣。

烘焙過程中的排出蒸氣

裸麥粉在烘焙過程中，會因吸收水分而持續膨潤。因此烤箱內有蒸氣會使表層外皮無法凝固，無法承受麵團的膨脹，導致部分表層外皮的破裂。蒸氣只使用最初的5分鐘，在蒸氣完全排出後表層外皮凝固，柔軟內側也可以同時完成烘烤。

小麥裸麥混合麵包
Weizenmischbrot

Weizen是德文小麥的意思，與209頁的重裸麥麵包相反，
相較於裸麥，小麥粉使用比例較高的意思。
小麥粉的配方較多，柔軟內側的氣泡越大，
越能烘烤出輕盈口感，且嚼感良好的麵包。

製法　發酵種法（酸種）

材料　5kg用量（11個）

分量（g）

● 酸種

裸麥粉	800
初種（→P.206）	80
水	640
合計	**1520**

● 正式麵團

法國麵包用粉	3500
裸麥粉	700
酸種	1440
鹽	90
新鮮酵母	90
水	2760
合計	**8580**

裸麥粉

酸種的攪拌	直立式攪拌機 1速2分鐘　2速1分鐘 揉和完成溫度25℃
發酵	18小時（±3小時） 22～25℃　75%
正式麵團攪拌	螺旋式攪拌機 1速5分鐘　2速2分鐘 揉和完成溫度28℃
發酵（Floor Time）	10分　28～30℃　75%
分割	750g
中間發酵	10分鐘
整型	棒狀（35cm）
最後發酵	60分鐘　32℃　70%
烘焙	劃切割紋 40分鐘 上火230℃　下火220℃ 蒸氣（5分鐘後排出）

預備作業

・在發酵籃（口徑：長徑37cm×短徑14cm）內
撒上裸麥粉。

酸種

1 請參照重裸麥麵包的製作方法1～4
（→P.210）。

正式麵團攪拌

2 將正式麵團材料放入攪拌缽盆內，以1速
攪拌。

3 攪拌5分鐘。取部分麵團拉開延展以確認
狀態（A）。

＊材料均勻混拌，但仍沾黏。

4 以2速攪拌2分鐘。取部分麵團拉開延展
以確認狀態（B）

＊麵團連結薄弱，雖仍有沾黏，但緩慢推開仍可稍
稍延展。

5 將裸麥粉撒在板子上（C）。

＊揉和完成的溫度目標為28℃。

發酵（Floor Time）

6 在溫度28～30℃、濕度75%的發酵室
內，靜置10分鐘（D）。

＊略膨脹，已不太沾黏。

分割·滾圓

7 將麵團取出至工作檯上，分切成750g。

8 在工作檯上撒放手粉，單手按壓麵團，由
外側朝中央折疊按壓。

9 徐緩地改變麵團整體的方向，並不斷重覆
將麵團朝自己折疊按壓的動作，使表面緊實
呈圓形（E）。

10 排放在鋪有布巾的板子上。

中間發酵

11 與發酵時相同條件地放置於發酵室靜置
10分鐘。

＊充分靜置麵團至緊縮的彈力消失為止。

整型

12 平順光滑面朝下，手掌立於麵團中央，
按壓出凹槽。

13 從左折疊⅓，以直立手掌按壓麵團邊緣。

14 將麵團轉90度，使折疊處轉至外側，再
次確實按壓邊緣。

15 由外側朝中央對折，以手掌根部按壓折
疊的麵團邊緣使其閉合。

＊力道過度用力按壓時，會使麵團斷裂，所以必須
緩慢地按壓。

16 由上邊輕輕按壓邊滾動麵團，使其成為
35cm的棒狀。

17 接口處朝上，放入發酵藍內（F）。

＊手持麵團兩端，由中央部開始放入。發酵藍內
的手粉容易脫落應注意避免觸及。

最後發酵

18 在溫度32℃、濕度70%的發酵室內，
發酵60分鐘（G）。

＊濕度過高會使麵團容易沾黏在發酵藍上。

＊未充分發酵的麵團，在烘焙時容易產生裂紋。

烘焙

19 倒扣發酵藍將麵團移至滑送帶（slip
belt）。

＊注意麵團是否沾黏地將麵團倒出。若有沾黏時，
輕輕搖動發酵藍使麵團落下。

20 劃切割紋（H）。

＊與麵團垂直地以刀子劃切5mm深的割紋。

21 以上火230℃、下火220℃的烤箱，放
入蒸氣，烘烤40分鐘。經過5分鐘後打開閥
門排出蒸氣。

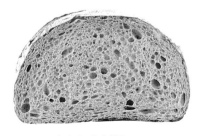

小麥裸麥混合麵包的剖面

因為是麵粉配方較多的麵團，相較於重裸麥麵包
（→P.209），是略帶膨脹的半月型。因烘焙時間
較長，所以表層外皮較厚，但體積也較大。柔軟
內側中則混有圓形或縱長的橢圓形氣泡。

A

B

C

D

E 滾圓前　　滾圓後

F

G

H

柏林鄉村麵包
Berliner-Landbrot

在德文意思為「柏林風格的鄉村麵包」，是一款重裸麥的大型麵包。
橢圓扁平狀，表面有獨特的裂紋是其特徵。
潤澤且口感紮實，大部分會切成略薄的片狀，
夾入鹽味的火腿或香腸等做成三明治享用。

製法	發酵種法（酸種）
材料	5kg用量（7個）

分量(g)

● 酸種

裸麥粉	1600
初種（→P.206）	160
水	1280
合計	**3040**

● 正式麵團

法國麵包用粉	1000
裸麥粉	2400
酸種	2880
鹽	90
新鮮酵母	60
水	2320
合計	**8750**

裸麥粉	

酸種的攪拌	直立式攪拌機 1速2分鐘　2速1分鐘 揉和完成溫度25℃
發酵	18小時（±3小時） 22～25℃　75%
正式麵團攪拌	螺旋式攪拌機 1速5分鐘 揉和完成溫度28℃
分割	1200g
整型	棒狀（35cm）
最後發酵	60分鐘 （40分鐘時移至滑送帶slip belt） 32℃　70%
烘焙	50分鐘 上火230℃　下火235℃ 蒸氣（5分鐘後排出）

酸種

1 請參照重裸麥麵包的製作方法1～4（→P.210）。

正式麵團攪拌

2 將正式麵團材料放入攪拌缽盆內，以1速攪拌。

3 攪拌5分鐘。取部分麵團拉開延展以確認狀態（A）。

＊麵團連結非常薄弱，十分沾黏。慢慢地延展也會扯斷麵團。

4 將裸麥粉撒在板子上（B）。

＊揉和完成的溫度目標為28℃。

分割・滾圓

5 麵團分切成1200g。

6 在工作檯上撒放手粉，單手按壓麵團，由外側朝中央折疊按壓。

7 徐緩地改變麵團整體的方向，並不斷重覆6的作業，使表面緊實呈圓形（C）。

整型

8 平順光滑面朝下，手掌立於麵團中央，按壓出凹槽。

9 從左折疊⅓，以直立手掌按壓麵團邊緣。

10 將麵團轉90度，使折疊處轉至外側，再次確實按壓邊緣。

11 由外側朝中央對折，以手掌根部按壓折疊的麵團邊緣使其閉合。

＊力道過度用力按壓時，會使麵團斷裂，所以必須緩慢地按壓。

12 由上邊輕輕按壓邊滾動麵團使其成為35cm的棒狀。

13 在板子上鋪放布巾並撒上手粉，以布巾做出間隔，將接口處朝下地排放麵團。

14 撒上裸麥粉（D）。照片E是最後發酵前的狀態。

＊在全體表面撒上裸麥粉至完全看不見麵團為止。這裡的裸麥粉就是形成紋路的要素。

最後發酵

15 在溫度32℃、濕度70%的發酵室內，發酵40分鐘（F）。

16 利用取板將麵團移至滑送帶上（G）。

17 直接放置在室溫下20分鐘（H）。

＊由發酵室取出，表面略微乾燥時就會產生清楚的紋路。

＊若未使其充分發酵，在烘焙過程中會造成麵團的龜裂。

烘焙

18 以上火230℃、下火235℃的烤箱，放入蒸氣，烘烤50分鐘。經過5分鐘後打開閥門排出蒸氣。

A

B

滾圓前　滾圓後

C

D

E

F

G

H

柏林鄉村麵包的剖面

烘焙接近1小時，因此表層外皮變得相當厚實。麵包內側因體積受限，所以氣泡小且略呈橫向的橢圓形是其特徵，呈紮實的海綿狀。

德式優格麵包
Joghurtbrot

在小麥、裸麥混合的麵團中,添加了 10 ~ 15% 的優格
製作而成的裸麥麵包。
優格非常能夠搭配裸麥或酸種,馨香的表層外皮和溫和爽口的酸味是其特徵。
酸味控制得宜的優格麵包,在裸麥麵包中,
是喜歡酸味的德國人才會想到的傑作之一。

製法	發酵種法(酸種)
材料	5kg用量(14個)

	分量(g)
● 酸種	
裸麥粉	800
初種(→P.206)	80
水	640
合計	**1520**

	分量(g)
● 正式麵團	
法國麵包用粉	3500
裸麥粉	700
酸種	1440
鹽	90
新鮮酵母	80
水	2250
原味優格	750
合計	**8810**

裸麥粉

酸種的攪拌	直立式攪拌機 1速2分鐘　2速1分鐘 揉和完成溫度25℃
發酵	18小時(±3小時) 22 ~ 25℃　75%
正式麵團攪拌	螺旋式攪拌機 1速5分鐘　2速2分鐘 揉和完成溫度28℃
發酵(Floor Time)	10分　28 ~ 30℃　75%
分割	600g
中間發酵	10分鐘
整型	橢圓形
最後發酵	60分鐘　32℃　70%
烘焙	劃切割紋 40分鐘 上火230℃　下火220℃ 蒸氣(5分鐘後排出)

預備作業

・在發酵籃(口徑:長徑24cm×短徑16cm)內
撒上裸麥粉。

酸種

1 請參照重裸麥麵包的製作方法 1～4（→P.210）。

正式麵團攪拌

2 將正式麵團材料放入攪拌缽盆內，以1速攪拌。

3 攪拌5分鐘。取部分麵團拉開延展以確認狀態（A）。

＊材料均勻混拌，但仍沾黏。

4 以2速攪拌2分鐘。取部分麵團拉開延展以確認狀態（B）

＊麵團連結薄弱，雖仍有沾黏，但緩慢推開仍可稍稍延展。

5 將裸麥粉撒在板子上。

＊揉和完成的溫度目標為28℃。

發酵（Floor Time）

6 在溫度28～30℃、濕度75%的發酵室內，靜置10分鐘。

＊略膨脹，已不太沾黏。

分割・滾圓

7 麵團分切成600g。

8 在工作檯上撒放手粉，單手按壓麵團，由外側朝中央折疊、按壓。

9 徐緩地改變麵團整體的方向，並不斷重覆8的作業，使表面緊實呈圓形。

10 排放在舖有布巾的板子上。

中間發酵

11 與發酵時相同條件，放置於發酵室靜置10分鐘。

＊充分靜置麵團至緊縮的彈力消失為止。

整型

12 使表面緊實地滾圓。

13 平順光滑面朝下，手掌立於麵團中央，按壓出凹槽（C）。

14 從左開始對折，以直立手掌確實按壓麵團邊緣使其閉合（D）。

＊力道過度用力按壓時，會使麵團斷裂，所以必須緩慢地按壓。

15 接口處朝上地放入發酵籃內（E）。

＊發酵籃內的手粉容易脫落，應注意避免觸及。

最後發酵

16 在溫度32℃、濕度70%的發酵室內，發酵60分鐘（F）。

＊濕度過高會使麵團容易沾黏在發酵籃上。

＊未充分發酵的麵團，在烘焙時容易產生裂紋。

烘焙

17 倒扣發酵籃將麵團移至滑送帶（slip belt）。

＊邊注意麵團是否沾黏地將麵團倒出。若有沾黏時，輕輕搖動發酵籃使麵團落下。

18 劃切割紋（G）。

＊與麵團垂直地以刀子劃切5mm深的割紋。

19 以上火230℃、下火220℃的烤箱，放入蒸氣，烘烤40分鐘。經過5分鐘後打開閥門排出蒸氣。

德式優格麵包的剖面

小麥粉配方較多，且麵團表面中央劃切割紋烘焙而成，所以剖面呈寬廣的枕頭形狀。烘焙時間較長，因此表層外皮較厚，柔軟內側的橫長氣泡中混雜著中小型的氣泡。

A

B

C

D

E

F

G

自製酵母種的麵包

葡萄乾種

製作葡萄乾種時，首先要混合葡萄乾和水製作培養液（起種），
再加入麵粉揉和成麵團（續種），這是麵種最基本的作法。
自古以來釀造葡萄酒用的葡萄，附著大量酵母具強烈發酵力，而其乾燥製成的葡萄乾，
就是最適合自製酵母的起種材料。

葡萄乾種的製作重點	葡萄乾整年都很容易買到，也因其容易製作出發酵力安定的酵母種，所以是自製酵母起種時最常被使用的材料。葡萄乾中含較多的果糖，可以直接成為酵母的營養成份並促進增殖，提高發酵力。製作酵母種的重點在於最初的培養液，是否能充分發泡就是重要關鍵。培養液約可冷藏保存一週左右。

培養液

材料	分量(g)
加州葡萄乾	500
水	2500
合計	**3000**

混合材料	混合葡萄乾和水
培養‧發酵	25～28℃ 60～72小時 1天混拌2次

混合材料

1 將加州葡萄乾和水放入容器內，充分混拌（A）。

＊因為要利用附著在葡萄乾上的酵母，所以不加以清洗。

2 覆蓋保鮮膜，以竹籤刺出空氣進出的孔洞（B）。

＊為防止異物混入地覆蓋保鮮膜，但酵母增殖時必需要有空氣，所以要刺出孔洞。

培養‧發酵

3 放置於溫度25～28℃的發酵室60～72小時。每天混拌2次，加入新鮮氧氣以促進酵母增殖（C）。

＊培養‧發酵的時間會因使用的葡萄乾而有所不同。

4 施以輕微撞擊，會有氣泡浮起時即可（D）。

5 過濾除去葡萄乾（E）。

6 完成時的培養液（F）。

＊裝入附蓋容器內冷藏，可放置使用一週左右。因為是發泡狀態，每天要打開一次瓶蓋以排出氣體。

發酵前　72小時之後

自製酵母種第1天

材料	分量(g)
法國麵包用粉	1000
培養液	650
合計	**1650**

攪拌	直立式攪拌機 1速3分鐘　2速2分鐘 揉和完成溫度25℃
發酵	24小時 20～25℃　75%

攪拌

7 所有材料放入攪拌機內以1速攪拌3分鐘,確認麵團狀態(G)。

8 以2速攪拌2分鐘,再確認麵團狀態(H)。

＊材料均勻混拌,整合成團。是略硬的麵團,即使緩慢推開仍會造成破損。

9 取出麵團整合(I)。

＊麵團較硬,因此在工作檯上按壓整合成圓形。

10 放入發酵箱內(J)。

＊揉和完成的溫度目標為25℃。

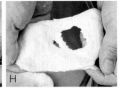

發酵

11 在溫度20～25℃、濕度75%的發酵室內,發酵24小時(K)。

＊麵團充分膨脹。

自製酵母種第2天

材料	分量(g)
法國麵包用粉	1000
第1天的自製酵母種	800
水	600
合計	**2400**

攪拌	直立式攪拌機 1速3分鐘　2速2分鐘 揉和完成溫度25℃
發酵	24小時 20～25℃　75%

攪拌

12 所有材料放入攪拌機內以1速攪拌3分鐘,確認麵團狀態(L)。

13 以2速攪拌2分鐘,再確認麵團狀態(M)。

＊材料均勻混拌,整合成團。連結較弱,推開時可以略薄地延展。

14 取出麵團整合,放入發酵箱(N)。

＊揉和完成的溫度目標為25℃。

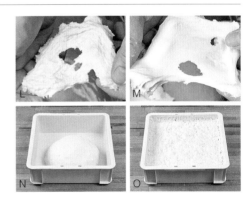

發酵

15 在溫度20～25℃、濕度75%的發酵室內,發酵24小時(O)。

＊麵團充分膨脹。

自製酵母種第3天以後

材料	分量(g)
法國麵包用粉	1000
前一日的自製酵母種	800
水	600
合計	**2400**

攪拌‧發酵	重覆自製酵母種的第2天 作業2～3次

攪拌‧發酵

16 將自製酵母種第2天12～15的作業,重覆2～3次。照片P是第3天發酵完成時。

蘋果種

8000年前即孕育出的蘋果，是一種可以直接食用，熬煮或烘烤後也很美味的水果。
由蘋果起種的自製酵母製作而成的麵包，更是格外帶著優雅的酸甜風味。
蘋果與葡萄乾並列，可以說是兩種果實系列自製酵母種的至寶。
帶皮一起磨成泥狀與水混拌，發酵進行起種。

蘋果種的製作重點	使用新鮮蘋果的酵母種，相較於220頁的葡萄乾種，其發酵能力較弱，不穩定也容易坍軟，必須加鹽以緊實麵團。雖然鹽分具有抑制酵母的作用，但也能抑制雜菌的繁殖，產生安定麵團的效果，因此添加於蘋果種中具有其功效。蘋果使用無農藥或低農藥無袋栽培的比較易於起種。二氧化碳的生成較弱時，可以添加蜂蜜作為酵母營養成份的補充。

培養液

材料	分量(g)
蘋果	500
水	2500
合計	**3000**

混合材料	混合蘋果和水
培養・發酵	25～28℃
	60～72小時
	1天混拌2次

混合材料

1 取出蘋果芯，帶皮一起放入食物調理機內混拌(A)。

2 將蘋果和水一起放入容器內，充分混拌(B)。

3 覆蓋保鮮膜，以竹籤刺出空氣進出的孔洞(C)。

＊為防止異物混入地覆蓋保鮮膜，但酵母增殖時必需要有空氣，所以要刺出孔洞。

培養・發酵

4 放置於溫度25～28℃的發酵室60～72小時。每天混拌2次，加入新鮮氧氣以促進酵母增殖(D)。

＊培養・發酵的時間會因使用的蘋果而有所不同。

5 施以輕微撞擊，會有氣泡浮起時即可(E)。

6 過濾除去蘋果泥(F)。

＊按壓果肉地進行過濾。

7 完成時的培養液(G)。

＊裝入附蓋容器內冷藏，可放置使用4～5日。因為是發泡狀態，每天要打開一次瓶蓋以排出氣體。

發酵前　72小時之後

自製酵母種第1天

材料	分量(g)
法國麵包用粉	1000
培養液	650
合計	**1650**

攪拌	直立式攪拌機
	1速3分鐘　2速2分鐘
	揉和完成溫度25℃
發酵	24小時
	20～25℃　75%

攪拌

8　所有材料放入攪拌機內以1速攪拌3分鐘(H)。

9　以2速攪拌2分鐘(I)。

＊材料均勻混拌，整合成團。是略硬的麵團，即使緩慢推開仍會造成破損。

10　取出麵團整合，放入發酵箱內(J)。

＊揉和完成的溫度目標為25℃。

發酵

11　在溫度20～25℃、濕度75%的發酵室內，發酵24小時(K)。

＊麵團充分膨脹。

自製酵母種第2天

材料	分量(g)
法國麵包用粉	500
第1天的自製酵母種	825
鹽	20
水	325
合計	**1670**

攪拌	直立式攪拌機
	1速3分鐘　2速2分鐘
	揉和完成溫度25℃
發酵	24小時
	20～25℃　75%

攪拌

12　所有材料放入攪拌機內以1速攪拌3分鐘(L)。

13　以2速攪拌2分鐘(M)。

＊雖然材料均勻混拌，但麵團連結相當薄弱且沾黏。拉開時立刻破裂。

14　取出麵團整合，放入發酵箱(N)。

＊揉和完成的溫度目標為25℃。

發酵

15　在溫度20～25℃、濕度75%的發酵室內，發酵24小時(O)。

＊麵團充分膨脹。

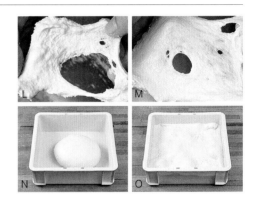

自製酵母種第3天

材料	分量(g)
法國麵包用粉	500
第2天的自製酵母種	835
鹽	10
水	325
合計	**1670**

攪拌	直立式攪拌機
	1速3分鐘　2速2分鐘
	揉和完成溫度25℃
發酵	24小時
	20～25℃　75%

攪拌

16　所有材料放入攪拌機內以1速攪拌3分鐘(P)。

17　以2速攪拌2分鐘(Q)。

＊雖然材料均勻混拌，但麵團連結相當薄弱且沾黏。拉開時立刻破裂。

18　取出麵團整合，放入發酵箱(R)。

＊揉和完成的溫度目標為25℃。

發酵

19　在溫度20～25℃、濕度75%的發酵室內，發酵24小時(S)。

＊麵團充分膨脹。

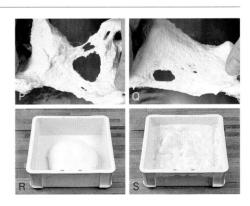

自製酵母種第4天以後

材料	分量(g)
法國麵包用粉	500
前一日的自製酵母種	835
鹽	10
水	325
合計	**1670**

攪拌・發酵	重覆自製酵母種的第3天作業2～3次

攪拌・發酵

20　將自製酵母種第3天16～19的作業，重覆2～3次。

優格種

優格當中因含有無數的乳酸菌,所以用於製作自製酵母是安全且安定的優良食材。
乳酸菌由生成的乳酸而使麵團成酸性,相較於附著在粉類的酵母更具活性,
能促進麵團的發酵,迅速地完成酵母種,不需續種,且較短時間即可以完成。

優格種 的製作重點	無論是哪一個品牌的優格都可以,但有2大重點,①是使用原味優格、②使用保存於冷藏庫,且在食用期限內的優格。一般來說,原味優格中每100g含有100億以上的新鮮乳酸菌,相較於	其他自製酵母種,能夠在更短時間內完成酵母種的製作。發酵力強,無需續種,由培養液製作自製酵母種後,可以立刻完成麵種。

培養液

材料	分量(g)
原味優格	500
水	1500
合計	**2000**

混合材料	原味優格和水
培養・發酵	25 ～ 28℃ 60 ～ 72小時 1天混拌2次

＊裝入附蓋容器內冷藏,可放置使用一週
左右。因為是發泡狀態,每天要打開一次
瓶蓋以排出氣體。

混合材料

1 將原味優格和水放入容器內,充分混拌(A)。

2 覆蓋保鮮膜,以竹籤刺出空氣進出的孔洞(B)。

培養・發酵

3 放置於室溫25 ～ 28℃的發酵室60 ～ 72小時。每天混拌2次,加入新鮮氧氣以促進乳酸菌的增殖以及乳酸發酵(C)。

＊時間會因使用的優格而有不同。

4 施以輕微撞擊,會有氣泡浮起時即可(D)。

5 完成時的培養液(E)。

發酵前 72小時之後

自製酵母種

材料	分量(g)
法國麵包用粉	500
培養液	325
合計	**825**

攪拌	直立式攪拌機 1速3分鐘　2速2分鐘 揉和完成溫度25℃
發酵	16小時 20 ～ 25℃　75%

攪拌

6 所有材料放入攪拌機內以1速攪拌3分鐘(F)。

7 以2速攪拌2分鐘(G)。

＊材料均勻混拌,整合成團。是略硬的麵團,即使緩慢推開仍會造成破損。

8 取出麵團整合,放入缽盆中(H)。

＊麵團較硬,因此在工作檯上按壓整合成圓形。

＊揉和完成的溫度目標為25℃。

發酵

9 在溫度20 ～ 25℃、濕度75%的發酵室內,發酵16小時(I)。

＊麵團充分膨脹。

自製酵母種麵包
Pain au levain

自製酵母種麵包（Pain au levain 又稱魯邦種）是用麵粉或裸麥粉起種的自製酵母，
來製作硬質系列或半硬質系列的麵包總稱。
因為酵母種的種類和製作方法為數眾多，使得完成的麵包也富有多樣性的變化。
在法國，能夠稱為自製酵母種麵包（Pain au levain），必須要符合各式各樣的條件。
在此介紹的自製酵母種麵包（Pain au levain），以使用了葡萄乾種的麵種，
揉和至正式麵團內，所製作而成的麵包。

製法　發酵種法（自製酵母種）

材料　3kg用量（16個）

● 麵種

	配方（%）	分量（g）
法國麵包用粉	100.0	2000
葡萄乾種（→P.220）	20.0	400
鹽	2.0	40
水	65.0	1300
合計	187.0	3740

● 正式麵團

	配方（%）	分量（g）
法國麵包用粉	100.0	3000
麵種	100.0	3000
鹽	2.0	60
麥芽糖精	0.5	15
水	75.0	2250
合計	277.5	8325

法國麵包用粉

麵種的攪拌	直立式攪拌機 1速2分鐘　2速2分鐘 揉和完成溫度25℃
發酵	15小時（±3小時） 20～25℃　75%
正式麵團攪拌	螺旋式攪拌機 1速5分鐘　2速3分鐘 揉和完成溫度25℃
發酵	180分（90分鐘時壓平排氣） 26～28℃　75%
分割	500g
中間發酵	30分鐘
整型	棒狀（40cm）
最後發酵	50分鐘　32℃　70%
烘焙	撒上法國麵包用粉、劃切割紋 30分鐘 上火240℃　下火230℃ 蒸氣

麵種攪拌

1 將麵種材料放入攪拌機,以1速攪拌3分鐘,確認麵團狀態。

＊麵團連結相當薄弱,即使緩慢推開仍會造成破損,黏性非常強。

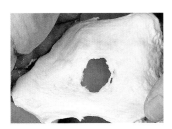

2 以2速攪拌2分鐘,確認麵團狀態。

＊材料均勻混拌,雖已整合成團,但無法薄薄地延展。

3 使表面緊實地整合麵團,放入發酵箱內。

＊揉和完成的溫度目標為25℃。

發酵

4 在溫度20～25℃、濕度75%的發酵室內,發酵約15小時。

＊發酵時間基本為15小時,可以在12～18小時間進行調整。

正式麵團攪拌

5 將正式麵團材料放入攪拌缽盆內,以1速攪5分鐘。取部分麵團拉開延展以確認狀態。

＊非常沾黏,麵團的連結仍相當薄弱。想要薄薄地延展時麵團會破損。

6 以2速攪拌3分鐘,確認麵團狀態。

＊麵團連結增強,無法薄薄地延展,仍有不均勻且非常沾黏。

7 使表面緊實地整合麵團,放入發酵箱內。

＊揉和完成的溫度目標為25℃。

發酵

8 在溫度26～28℃、濕度75%的發酵室內,發酵90分鐘。

壓平排氣

9 從左右折疊進行"輕輕的壓平排氣"(→P.40),再放回發酵箱內。

＊麵團的力量較弱,應注意避免過度排氣。過度排氣可能會造成後續的膨脹不佳。

發酵

10 放回相同條件的發酵室內,再繼續發酵90分鐘。

＊確認其充分膨脹。

分割・滾圓

11 將麵團取出至工作檯上,分切成500g。

12 輕輕滾圓麵團。

滾圓前　　　滾圓後

13 將麵團排放在舖有布巾的板子上。

19 一邊由上往下輕輕按壓，一邊滾動麵團，使其成為兩端較細40cm長的棒狀。

中間發酵

14 放置於與發酵時相同條件的發酵室內，靜置30分鐘。

＊充分靜置麵團至緊縮的彈力消失為止。

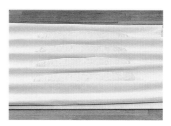

20 在板子上舖放布巾，以布巾做出間隔，將接口處朝下地排放麵團。

＊接口處若不是呈直線，烘焙完成時也可能會產生彎曲。
＊布巾與麵團間隔，約需留下1指寬的間隙。

最後發酵

21 在溫度32℃、濕度70%的發酵室內，發酵50分鐘。

＊使麵團發酵至充分鬆弛。以手指按壓麵團時會留下痕跡的程度為標準。

整型

15 用手掌按壓麵團，排出氣體。

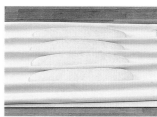

烘焙

16 平順光滑面朝下，由外側朝中央折入⅓，以手掌根部按壓折疊的麵團邊緣使其貼合。

22 利用取板將麵團移至滑送帶（slip belt）。撒上法國麵包用粉，劃切3道割紋。

＊粉類會成為麵包的紋路，因此要薄薄地撒在全部麵團上。

17 麵團轉180度，同樣地折疊⅓使其貼合。

23 以上火240℃、下火230℃的烤箱，放入蒸氣，烘烤30分鐘。

18 由外側朝內對折，並確實按壓麵團邊緣使其閉合。

＊應注意避免過度排氣。因為是發酵力較弱的麵團，若是過度排氣會造成烘烤時體積無法膨脹。

自製酵母種麵包的剖面

從正式麵團揉和開始含發酵時間共約4個半小時，因此麵團保持的氣體量會變多。因為是柔軟具延展性的麵團，以高溫長時間烘焙而成，表層外皮變厚而柔軟內側的大型氣泡變多。

法式蘋果麵包
Pain aux pommes

以法文 Pain aux pommes（蘋果的麵包）為名的創作麵包。
麵粉中混合了全麥麵粉和裸麥粉，再混拌大量半乾燥蘋果，烘焙出的半硬質麵包。
馨香的表層外皮加上Q彈口感，
麵包散發出淡淡蘋果的酸甜風味，令人樂在其中。

製法　發酵種法（自製酵母種）

材料　3kg用量（16個）

	配方(%)	分量(g)
● 麵種		
法國麵包用粉	100.0	1000
蘋果種（→P.220）	167.0	1670
鹽	2.0	20
水	65.0	650
合計	334.0	3340

	配方(%)	分量(g)
● 正式麵團		
法國麵包用粉	80.0	2400
裸麥粉	10.0	300
全麥麵粉	10.0	300
麵種	100.0	3000
鹽	2.0	60
奶油	3.0	90
麥芽糖精	0.6	18
水	70.0	2100
半乾燥蘋果*	60.0	1800
合計	335.6	10068

法國麵包用粉

＊蘋果去芯切成2cm塊狀的蘋果，以100℃的烤箱烘烤8小時，使其乾燥完成。（請參照下一頁步驟7的照片）

麵種的攪拌	直立式攪拌機 1速3分鐘　2速2分鐘 揉和完成溫度25℃
發酵	15小時（±3小時） 20～25℃　75%
正式麵團攪拌	螺旋式攪拌機 1速5分鐘　2速2分鐘 蘋果　1速2分鐘～ 揉和完成溫度25℃
發酵	180分（120分鐘時壓平排氣） 26～28℃　75%
分割	600g
中間發酵	30分鐘
整型	圓形
最後發酵	60分鐘　32℃　70%
烘焙	劃切割紋 35分鐘 上火240℃　下火215℃ 蒸氣

預備作業

・在發酵藍（口徑23cm）撒上法國麵包用粉。

麵種攪拌

1 將麵種材料放入攪拌機，以1速攪拌3分鐘，確認麵團狀態。

＊麵團連結相當薄弱，即使緩慢推開仍會造成破損，黏性非常強。

2 以2速攪拌2分鐘，確認麵團狀態。

＊黏性仍然很強，因為是柔軟的麵團，拉開延展時容易破裂且不均勻。

3 使表面緊實地整合麵團，放入發酵箱內。

＊揉和完成的溫度目標為25℃。

發酵

4 在溫度20～25℃、濕度75%的發酵室內，發酵約15小時。

＊發酵時間基本為15小時，可以在12～18小時間進行調整。

正式麵團攪拌

5 除了半乾燥蘋果以外的正式麵團材料，全部放入攪拌缽盆內，以1速攪5分鐘。取部分麵團拉開延展以確認狀態。

＊非常沾黏，麵團的連結仍相當薄弱，想要薄薄地延展時麵團會破損。

6 以2速攪拌2分鐘，確認麵團狀態。

＊麵團連結增強，無法薄薄地延展，仍非常不均勻。

7 加入半乾燥蘋果，以1速攪拌至均勻混合。

＊蘋果與全體均勻混合時，即完成攪拌。

8 使表面緊實地整合麵團，放入發酵箱內。

＊揉和完成的溫度目標為25℃。

發酵

9 在溫度26～28℃、濕度75%的發酵室內，發酵120分鐘。

壓平排氣

10 按壓全體麵團，從左右折疊進行"稍輕的壓平排氣"（→P.40），再放回發酵箱內。

＊麵團的力量較弱，應注意避免過度排氣。過度排氣可能會造成後續的膨脹不佳。

發酵

11 放回相同條件的發酵室內，再繼續發酵60分鐘。

＊確認其充分膨脹。

分割・滾圓

12 將麵團取出至工作檯上，分切成600g。

13 輕輕滾圓麵團。

滾圓前　　　滾圓後

14 將麵團排放在舖有布巾的板子上。

中間發酵

15 放置於與發酵時相同條件的發酵室內,靜置30分鐘。

＊充分靜置麵團至緊縮的彈力消失為止。

整型

16 平順光滑面為表面地滾動使其成圓形,捏合底部接口處。

17 接口處朝上地將麵團放入發酵籃內。

＊發酵籃內的手粉容易脫落,應注意避免觸及。

最後發酵

18 在溫度32℃、濕度70%的發酵室內,發酵60分鐘。

＊溫度過高時,麵團會沾黏在發酵籃上不易取出。

＊未充分發酵的麵團,在烘焙時容易產生裂紋。

烘焙

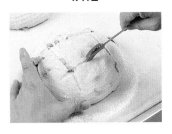

19 倒扣發酵籃將麵團移至滑送帶(slip belt),劃切出井字形割紋。

＊邊注意麵團是否沾黏地將麵團倒出。若有沾黏時,輕輕搖動發酵籃使麵團落下。

＊與麵團垂直地進行劃切。

20 以上火240℃、下火215℃的烤箱,放入蒸氣,烘烤35分鐘。

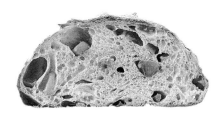

法式蘋果麵包的剖面

與自製酵母種麵包(→P.226)同樣地是長時間發酵的柔軟麵團,以高溫烘焙而成,但蘋果種的發酵力稍弱,大氣泡較少而細小的氣泡變多。

使用優格種

義式聖誕麵包
Panettone

義大利特有，且為全世界所熟知的義式聖誕麵包，
在添加了大量砂糖、雞蛋和奶油的RICH類（高糖油配方）麵團中
揉入乾燥水果，誕生於米蘭的傳統聖誕糕點。
堅持講究的店家，會利用幾十年來不斷續種的重要麵種，來進行製作。
約是11月初，就可以在街頭的糕餅舖或大型商店內，
看到豐富變化且堆積如山的義式聖誕麵包了。

製法　發酵種法（自製酵母種）
材料　3kg用量（13個）

分量（g）

● **麵種1**

法國麵包用粉	400
優格種（→P.225）	400
砂糖	40
脫脂奶粉	20
奶油	60
蛋黃	40
水	300
合計	**1260**

● **麵種2**

法國麵包用粉	600
麵種1	1260
砂糖	100
脫脂奶粉	20
奶油	140
蛋黃	60
水	300
合計	**2480**

● **正式麵團**

法國麵包用粉	1000
麵種2	2400
砂糖	350
鹽	30
脫脂奶粉	40
香草莢	1支
奶油	600
蛋黃	400
水	450
無子葡萄乾	800
糖漬橙皮	200
合計	**6270**

● **馬卡龍麵糊（13個）**

杏仁粉	250
砂糖	250
蛋白	300

糖粉	

麵種1的攪拌	直立式攪拌機
	1速2分鐘　2速3分鐘
	揉和完成溫度28℃
發酵	8小時　28～30℃　75%
麵種2的攪拌	直立式攪拌機
	1速2分鐘　2速3分鐘
	揉和完成溫度20℃
發酵	16小時　20～25℃　75%
正式麵團攪拌	直立式攪拌機
	1速6分鐘　2速3分鐘　3速3分鐘
	油脂　2速6分鐘　3速4分鐘
	水果　2速2分鐘～
	揉和完成溫度26℃
發酵	40分　28～30℃　75%
分割	480g
整型	圓形(紙模：直徑18cm)
最後發酵	150分鐘　32℃　75%
烘焙	塗上馬卡龍麵糊
	撒上糖粉
	35分鐘
	上火180℃　下火160℃
	以金屬叉刺入，翻轉放涼

預備作業

・正式麵團用的奶油從冷藏庫取出，在冰冷狀態下，用擀麵棍敲打至柔軟。

＊長時間攪拌會使麵團溫度容易升高，因此添加的奶油預備成冰冷但柔軟的狀態。

・無子葡萄以溫水洗淨，用網篩瀝乾水分備用。

・糖漬橙皮以溫水洗淨，瀝乾水分切碎。

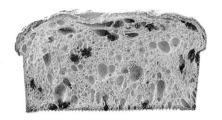

義式聖誕麵包的剖面

放入圓筒狀紙模中烘烤的剖面，就像蕈菇般有著膨脹的頂部，呈鮮艷的黃色。柔軟內側存在著大大小小的各種氣泡，乾燥水果也均勻分散於其中。

麵種 1 攪拌

1 將麵種1的材料放入攪拌機，以1速攪拌。

＊因酵母的發酵力較弱，因此副材料(砂糖、奶油、蛋黃等)分3次慢慢加入攪拌，使酵母能習慣RICH類(高糖油)配方的麵團。

2 攪拌3分鐘時，確認麵團狀態。

＊柔軟且呈乾燥狀態，麵團連結相當薄弱。

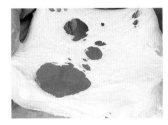

3 以2速攪拌3分鐘，確認麵團狀態。

＊材料雖均勻混拌，但連結仍薄弱，不均勻。

4 使表面緊實地整合麵團，放入發酵箱內。

＊揉和完成的溫度目標為28℃。

發 酵

5 在溫度28～30℃、濕度75%的發酵室內，發酵約8小時。

麵種 2 攪拌

6 將麵種2的材料放入攪拌機，以1速攪拌。

＊再添加部分副材料，使酵母習慣麵團。

7 攪拌3分鐘時，確認麵團狀態。

＊試著慢慢拉開延展時，雖仍有不均勻，但麵團已漸漸連結。

8 以2速攪拌3分鐘，確認麵團狀態。

＊雖然不均勻狀態消失了，但拉開麵團仍無法薄薄地延展，會造成破損。

9 使表面緊實地整合麵團，放入發酵箱內。

＊揉和完成的溫度目標為20℃。

發酵

10 在溫度20～25℃、濕度75%的發酵室內，發酵16小時。

正式麵團攪拌

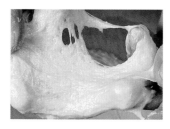

11 除了奶油和水果乾以外的正式麵團材料，全放入攪拌缽盆內，以1速攪6分鐘。取部分麵團拉開延展以確認狀態。

＊非常柔軟、沾黏，麵團幾乎沒有連結。

12 以2速攪拌3分鐘，確認麵團狀態。

＊雖仍沾黏，但麵團已開始連結。拉開麵團時仍有不均勻，但已能薄薄地延展了。

13 以3速攪拌3分鐘，確認麵團狀態。

＊形成平順光滑狀，雖稍有不均勻，但能薄薄地延展。

14 加入奶油，以2速攪拌6分鐘，確認麵團狀態。

＊因加入大量奶油，所以麵團連結變弱，麵團暫時呈斷裂狀況，但隨著奶油的混拌，麵團再次成為平順光滑狀，且能薄薄地延展。

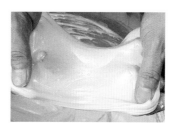

15 以3速攪拌4分鐘，確認麵團狀態。

＊柔軟且滑順，能延展成非常薄的薄膜狀態。

16 加入無子葡萄乾和糖漬橙皮，以2速攪拌至均勻混合。

＊全體均勻混合時，即完成攪拌。

17 使表面緊實地整合麵團，放入發酵箱內。

＊揉和完成的溫度目標為26℃。

發酵

18 在溫度28～30℃、濕度75%的發酵室內，發酵40分鐘。

＊表面雖有沾黏，但手指按壓能稍留下痕跡時，即可完成發酵。

分割‧滾圓

19 將麵團取出至工作檯上，分切成480g。

20 確實滾圓麵團。

滾圓前　　　　滾圓後

21 捏合底部接口處，使接口處朝下地放入紙模內。

最後發酵

22 在溫度32℃、濕度75%的發酵室內，發酵150分鐘。

＊發酵至能殘留手指痕跡的程度。

馬卡龍麵糊

23 利用最後發酵期間製作馬卡龍麵糊。混合砂糖、杏仁粉，以濾網過篩。

24 加入蛋白，確實攪拌至呈滑順狀態。

烘焙

25 用刷子將馬卡龍麵糊刷塗在完成最後發酵的麵團上。

＊需注意避免按壓義式聖誕麵包麵團。

26 大量撒上糖粉，放至烤盤上。

＊大量地撒上糖粉覆滿表面，部分糖粉被麵團吸收，可再補撒一些。

27 以上火180℃、下火160℃的烤箱，烘烤35分鐘。烘烤完成時，趁熱地將2根金屬叉刺入麵包底部。

28 以倒扣狀態吊掛使其冷卻。

＊因為是柔軟的麵團膨脹成大體積的麵包，正面朝上放涼時，會因麵包的重量而造成上半的部萎縮凹陷。

本書使用的主要材料

裸麥粉

全麥麵粉　　　小麥粉

小麥粉

製作麵包時，會使用含較多麵筋組織形成所需蛋白質的小麥粉。具代表性的有高筋麵粉和法國麵包用粉。所謂的法國麵包用粉，在日本是為了製作法國麵包而開發的粉類製品，蛋白含量等近似法國的麵粉，性質介於高筋麵粉與中筋麵粉之間。通常麵粉是以麥粒中心部分製作成粉類，全麥麵粉則是連同小麥的外皮部分（麩皮）一同製作成的粉類。

裸麥粉

裸麥中所含的蛋白質無法形成麵筋組織，因此用這種粉類製作的麵包紮實沈重。主要用於製作德國和北歐，利用酸種製作的麵包上。

杜蘭小麥粉

以乾燥義大利麵的原料而聞名的杜蘭小麥所製成的粉類，略帶黃色。用於西西里麵包（→ P.88）。

麵團以外所使用的粉類

玉米粉

玉米澱粉。撒放在凱撒麵包（→ P.72）的麵團表面。

粗玉米粉

是粗碾的玉米粉。撒在英式馬芬（→ P.196）的表面烘烤。

上新粉

是粳米洗淨乾燥製成的粉類。用於虎皮麵包卷（→ P.104）的虎皮麵糊。

鹽

精製鹽

精製鹽含有較高的氯化鈉含量，含鹽滷等礦物質含量較多的鹽，其氯化鈉的含量較精製鹽低10% 以上，所以必須調整麵團的配方用量。本書當中使用的是氯化鈉含量在 98% 左右的精製鹽。

酵母

新鮮酵母

即溶酵母　　　乾燥酵母

新鮮酵母

培養來麵包專用的壓縮酵母。溶於水中使用。

乾燥酵母

將新鮮酵母乾燥製成的粒狀酵母。以 5～6 倍的溫水進行預備發酵後使用。（本書當中沒有使用）

即溶酵母

加工成容易分散，可直接添加在粉類中的即溶酵母。顆粒較乾燥酵母細，分成無糖麵團用、有糖麵團用、有無維生素 C 添加…等各式種類。統稱為即溶酵母。

粗鹽

用於表面裝飾的鹽，大多會使用鹽粒較為粗大的（結晶較大的岩鹽等）。

砂糖

細砂糖

純度高且清甜是其特徵。本書中標記為砂糖,都是粒子較細的細砂糖。粒子較粗則用於菠蘿麵包(→ P.126)的表面裝飾。

上白糖

相較於細砂糖,具有更優異的保濕性。用於糕點麵包(菓子麵包)(→ P.126)、甜麵包卷(→ P.141)等。

糖粒

粒子較大,即使在烤箱內烘烤也不易融化。用於辮子麵包的表面裝飾(→ P.120)。

糖粉

將細砂糖磨碎成粉末狀的製品,撒於烘焙完成的麵包表面。

油脂

酥油

以動物性、植物性的油脂為原料,利用工業製作出的油脂。無味無臭,因此不會為麵包添加其他味道。本書用於塗抹發酵箱或模型以及油炸時。

奶油

本書當中使用的是無鹽奶油。

橄欖油

活用其特殊香氣,經常使用於義大利麵包上,像是佛卡夏(→ P.102)等。

豬脂

利用豬的油脂精製而成。本書當中是用於虎皮麵包卷(→ P.104)的虎皮麵糊上。

雞蛋、乳製品、其他

蛋(雞蛋)

分成蛋黃和蛋白來進行測量時,不會因尺寸及蛋白和蛋黃的比例而受到影響。

脫脂奶粉

脫脂牛奶製成的粉末狀物質。保存性優於牛奶且便宜。

煉乳

加糖煉乳。用於糕點麵包(菓子麵包)(→ P.126)麵團。

麥芽糖精

由麥芽糖熬煮出的糖漿狀物質,也稱為麥芽糖漿。含澱粉分解酵素,添加時能促進小麥澱粉分解成糖類,使其成為酵母的營養來源,多半使用於不含糖類的硬質系列麵包當中。

巧克力

甜巧克力(左)切碎作為內餡使用。用於巧克力麵包(→P.170)的巧克力(右)是即使烘焙也不易融化的加工品。

氫氧化鈉(苛性鈉)

結晶狀化合物,在藥局都有出售。本書當中是用於布雷結(→P.190)溶於水中的氫氧化鈉溶液(鹼水)。因氫氧化鈉是強鹼物質,連同其水溶液,在使用時都必須戴上橡皮手套進行。

杏仁果

帶著皮膜的整顆杏仁果(左),會切碎做為裝飾或作為內餡使用。切成片狀(中)也做為表面裝飾用。杏仁粉(右)則是使用作為內餡的杏仁奶油餡(→P.143、176)。

杏仁膏

杏仁果和砂糖製成的膏狀物質。依生產國及製品種類,杏仁果與砂糖的比例也會不同。本書使用的是一般稱為杏仁膏的產品(Marzipan rohmasse),用於史多倫聖誕麵包(→P.201)。

核桃

帶著皮膜的核桃切碎後混拌於麵團,或用於內餡。

罌粟籽

有白罌粟籽(左)和黑罌粟籽(右・藍罌粟籽)。主要用於表面裝飾。

芝麻

有白芝麻和黑芝麻,主要用於表面裝飾。照片中是白芝麻,也稱為脫皮芝麻、碾磨芝麻,是脫去皮膜的芝麻。

水果加工品 ───────────────────────

加州葡萄乾

無子葡萄乾　　黑醋栗乾

糖漬橙皮　　糖漬枸櫞皮

杏桃果醬　　覆盆子果醬

葡萄乾

成熟的葡萄乾燥而成,相較於加州葡萄乾的褐色,無子葡萄乾的顏色較淡,甜味較強。黑醋栗(currant)乾又稱為黑加侖或Corinth葡萄乾,黑色、顆粒小且酸味較強。可以直接或浸漬於蘭姆酒等洋酒中,混入麵團或作為表面裝飾。

糖漬橙皮、糖漬枸櫞皮

用糖漿熬煮柳橙皮和枸櫞皮製成,切碎後混拌於麵團中。枸櫞是柑橘類的一種。

果醬

杏桃果醬用於丹麥麵包(→P.172),完成時刷塗在表面。覆盆子果醬則是擠至柏林甜甜圈(→P.182)中。

白蘭地

蒸餾果實酒釀造的酒類總稱，用於浸漬水果。

香橙酒 Grand Marnier

柳橙利口酒之一，用柳橙和甘邑白蘭地釀造的利口酒商標。用於水果的浸漬。

蘭姆酒

由甘蔗釀造出的蒸餾酒，浸漬水果時會使用褐色的黑蘭姆酒。

辛香料

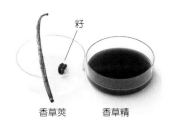

籽

香草莢　香草精

香草

是蘭科藤蔓植物未成熟果實發酵而成。豆莢裂開後中央充滿細小的種籽，刮取使用。用於卡士達奶油餡(→P.131、137) 等。香草精是將香草的香氣成份溶於酒精中製成。

肉桂

將肉桂樹皮乾燥製成，特有的甘甜香氣具有刺激性，本書當中是將粉末用於內餡中。

小荳蔻

以小荳蔻種子乾燥製成，微微刺激感的清爽香氣是其特徵。本書當中用的是淡綠色豆莢內的種子粉末，運用在丹麥麵包(→P.172)的麵團上。

肉荳蔻

肉荳蔻的種子乾燥製成，甘甜具刺激性香味，使用於填充餡料等。

製作麵包的必要機器

大型機器及其相關工具

直立式攪拌機　　螺旋式攪拌機

螺旋式攪拌機

直立式攪拌機

攪拌機

本書使用的是螺旋式攪拌機和直立式攪拌機二種。螺旋式攪拌機是採螺旋狀攪拌臂，主要用於硬質系列麵包麵團的製作。直立式攪拌機是勾狀攪拌臂，主要用於軟質系列的麵包。

桌上型攪拌機

小型攪拌機。起泡性打發時可以裝上網狀攪拌器（Whipper）（攪打、打發用零件）使用。

發酵室

可以設定麵團使用的適當溫度及濕度的發酵機。照片上是可以設定由冷凍至發酵溫度帶的冷凍發酵櫃（Dough Conditioner）。

烤箱

麵包用的烤箱可以設定上火和下火的溫度，也能注入蒸氣。另外還有氣閥（換氣口），可以在烘焙過程中排出蒸氣，調節溫度。

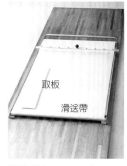

取板

滑送帶

滑送帶（slip belt）、取板

滑送帶（slip belt）是用於直接將麵團放入烤箱烘焙時。將麵團放在滑送帶（slip belt）上，設定好烤箱後，往自己身體的方向拉動，就能讓麵團直接落在烤箱內。棒狀麵團等可以使用取板放置在滑送帶（slip belt）上。

烤盤（oven plate）

麵團置於其上，放入烤箱烘烤。沒有經過無油加工的烤盤必須刷塗油脂。

鏟

杓

鉤

由烤箱取出麵包的工具

直接烘焙的大型麵包取出時必須使用杓。小型則可以同時以鏟取出，很方便。烤盤或模型則可以用鉤來拉取。

吊架（rack）

可以同時放置幾片烤盤或冷卻架的可動式棚架。便於同時一起移動麵團，也可用於冷卻等。

工作檯

進行分切、滾圓作業用的工作檯。

壓麵機

將麵團擀壓成薄麵團的機器，可以用於麵團厚度的調整。

油炸機

油炸甜甜圈、咖哩麵包的油炸機器。加入油後使用，可以保持一定的油溫。

中·小型工具

板子、布巾

靜置麵團、發酵時大多會放置在布巾上，會將帆布等表面沒有纖維的布，鋪在板子上使用。

發酵箱

本書的發酵箱照片是可以疊起使用的。請依麵團用量選擇適合的大小及深度。附蓋的發酵箱也可作為烘烤完成冷卻後的麵包容器。

擀麵棍

擀壓麵團的工具，請配合麵團的用量及用途選擇適合的尺寸。

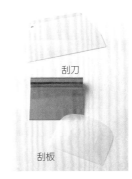

刮刀

刮板

刮板、刮刀

具有彈力的塑膠製刮板，可以配合用途地分成直線用及曲線用。用於切分麵團、奶油、塗抹奶油、混拌、集結、移動等，用途廣泛。也被稱為Cornu或Scraper。帶有把手的刮刀也有很多是不鏽鋼或金屬等製品，主要用於分割麵團。

缽盆、方型淺盤、平盤

可以大幅運用在材料的預備、混拌、發酵等作業上。有各式大小就很方便了。

攪拌器　刮杓

攪拌器、刮杓

攪拌器是用於混拌材料或打發材料時。刮杓除了用於混拌材料之外，因為是橡膠等柔軟材質製成，能很方便地刮取出殘留在容器內的材料等，也有耐熱性極佳的矽膠材質製品。

溫度計

用於測量水分、粉類的溫度，以及麵團揉和完成的溫度。

桿秤

用於量秤切分的麵團。將麵團放置在盤上，以桿子保持擺幅均衡地進行量測。

秤

量測粉類、水等材料或是桿秤無法量測的麵團，就可以用電子秤或磅秤來測量。測量微量材料時，使用可量測至0.1g單位的微量秤。

吐司麵包模

1斤（左）、1.5斤（右）等，有幾種大小。烘烤方型吐司時，則要用附蓋模型烘烤。

＊斤為日本吐司計量單位，詳細請見P.7。

庫克洛夫模

皮力歐許模

庫克洛夫、皮力歐許模型

斜向田畝般形狀的庫克洛夫模（→P.144），和皮力歐許模（→P.133）。

紙模、鋁箔模

紙模是義式聖誕麵包（→P.232）使用。鋁箔模是甜麵包卷（→P.141）使用。

英式馬芬模

英式馬芬（→P.196）專用模，麵團放入模型後覆蓋烘烤。

布面發酵籃

用於法國鄉村麵包（→P.59）發酵時，鋪有布面的藤籃。照片中外側的是中央隆起，用於馬蹄型或皇冠型麵團使用。

發酵籃

主要用於德式裸麥麵包等發酵用的藤籃。有各種形狀，撒上手粉後使用。

壓模

按壓麵團使其呈現圖案的工具。右邊是凱撒麵包（→P.72）的專用壓模，左邊用於芝麻小圓麵包（→P.82）。

切模

本書使用的是直徑3cm和8cm的組合，用於切出甜甜圈麵團（→P.178）。

烤盤紙

鋪放在烤盤上防止髒污及焦黑。像葡萄乾皮力歐許（→P.136），內餡會觸及烤盤時使用。

麻袋

將粉類放入其中，以便於將粉類撒放在麵團上。藉由麻布等，可以使粉類均勻地撒出。

毛刷

撢去麵團上多餘的粉類。

刷子

將油脂刷塗至模型、將果醬刷塗至麵包表面時，用的是刷毛較硬的刷子（左）；烘焙前刷塗蛋液的刷子則是使用刷毛較柔軟的（右）。

剪刀

刀子

割紋刀

割紋刀、刀子、剪刀

用來劃切整型後的麵團表面。割紋刀使用於淺淺片切、垂直地淺淺劃切時。刀子是用於深度垂直劃切。剪刀則是用於麥穗麵包（→P.51）或牛奶麵包（→P.117）時。

派皮切刀（pie cutter）

可以調整滾輪切刀間距的五滾輪切刀。本書用於標記麵團的間距。

牛刀

波浪刀

小刀

刀

牛刀因刀刃較長，方便於薄長麵團的分切。小刀用於劃切水果或削切水果時。波浪刀用於分切麵包。

噴撒水霧

烘焙前或烘焙完成後噴撒在麵團上。

冷卻架

用於放置冷卻烘焙完成的麵包。

填餡刮杓

用於裝填糕點麵包（菓子麵包）（→P.126）或咖哩麵包（→P.185）等，將餡料填充至麵團時。

擠花袋、擠花嘴

將擠花嘴裝在擠花袋內，將奶油餡或果醬絞擠至麵團上時。擠花袋有塑膠製或進行防水加工的布製品等。

網篩

茶葉濾網

網篩、茶葉濾網

網篩是過篩粉類或將粉類過篩至麵團上。丹麥麵包（→P.172）等完成時裝飾的糖粉，可以用茶葉濾網來篩撒。

使用主材料一覽

麵包種類	麵包名稱（括弧是頁數）	製作方法	使用的粉類					
			法國麵包用粉	高筋麵粉	全麥麵粉	低筋麵粉	裸麥粉	其他
硬質系列的麵包	法國長棍麵包(P.48) / 小麵包(P.52)	直接法	○					
	法國鄉村麵包(P.59)	發酵種法	○				○	
	裸麥麵包(P.63)	發酵種法	○				○	
	農夫麵包(P.66)	發酵種法	○		○		○	
	布里麵包(P.68)	發酵種法	○					
	全麥麵包(P.70)	發酵種法	○		○			
	凱撒麵包(P.72)	直接法	○			○		
	德式白麵包(P.76)	直接法	○					
	瑞士麵包(P.79)	直接法	○				○	
	芝麻小圓麵包(P.82)	發酵種法	○		○		○	
	巧巴達(P.85)	發酵種法	○					
	西西里麵包(P.88)	直接法						杜蘭小麥
	托斯卡尼麵包(P.90)	發酵種法	○					
半硬質系列的麵包	德式圓麵包(P.94)	直接法	○					
	德式麵包棒(P.97)	直接法	○					
	芝麻圈麵包(P.100)	直接法	○					
	佛卡夏(P.102)	直接法	○					
	虎皮麵包卷(P.104)	直接法	○					
軟質系列的麵包	奶油卷(P.108)	直接法		○				
	硬麵包卷(P.112)	直接法		○				
	維也納麵包(P.114)	直接法	○					
	牛奶麵包(P.117)	直接法	○					
	辮子麵包(P.120)	直接法	○					
	罌粟籽排狀麵包(P.124)	直接法	○					
	糕點麵包(菓子麵包)(P.126)	發酵種法		○		○		
	皮力歐許(P.133) / 葡萄乾皮力歐許(P.136)	直接法	○					
	德式烤盤糕點(P.138)	直接法	○					
	甜麵包卷(P.141)	直接法		○				
	庫克洛夫(P.144)	直接法		○				
用模型烘焙的麵包	山型吐司(P.148)	直接法		○				
	脆皮吐司(P.152)	直接法	○	○				
	法式白吐司(P.154)	直接法	○	○				
	全麥麵包(葛拉漢麵包)(P.157)	直接法		○	○			
	核桃麵包(P.160)	直接法		○	○			
	葡萄乾麵包(P.162)	發酵種法		○				
折疊麵團的麵包	可頌(P.166) / 巧克力麵包(P.170)	直接法	○					
	丹麥麵包(P.172)	直接法	○					
油炸麵包	甜甜圈(P.178)	直接法		○		○		
	柏林甜甜圈(P.182)	發酵種法	○					
	咖哩麵包(P.185)	直接法		○		○		
特殊的麵包	布雷結(P.190)	直接法	○					
	義式麵包棒(P.194)	直接法	○					杜蘭小麥
	英式馬芬(P.196)	直接法	○					
	貝果(P.198)	直接法	○			○	○	
	史多倫聖誕麵包(P.201)	發酵種法	○					
酸種的麵包	重裸麥麵包(P.209)	發酵種法	○				○	
	小麥裸麥混合麵包(P.212)	發酵種法	○				○	
	柏林鄉村麵包(P.214)	發酵種法	○				○	
	德式優格麵包(P.216)	發酵種法	○				○	
自製酵母種的麵包	自製酵母種麵包(P.226)	發酵種法	○					
	法式蘋果麵包(P.229)	發酵種法	○		○		○	
	義式聖誕麵包(P.232)	發酵種法	○					

砂糖	鹽	脫脂奶粉	油脂			酵母			雞蛋	麥芽糖精	其他材料
			奶油	酥油	其他	即溶酵母	新鮮酵母	自製酵母			
	○					○				○	
	○					○				○	
	○					○				○	葡萄乾、核桃
	○		○			○				○	
	○			○			○			○	
	○			○		○				○	
	○	○	○			○				○	
○	○		○			○				○	
	○		○			○				○	
	○	○	○			○				○	
	○					○				○	
						○				○	
○	○	○		○		○			○	○	
	○	○	○				○		○	○	
○	○		○			○			○		
○	○				橄欖油		○				
○	○	○		○			○		○	○	
○	○	○	○				○		○		
○	○	○	○	○			○		○		
○	○	○	○	○			○		○		
○	○	○	○				○		蛋黃		
○	○	○	○				○		○		葡萄乾
○	○	○	○				○		蛋黃		
上白糖	○	○	○	○			○		○		煉乳
○	○	○	○				○		○		
上白糖	○	○	○	○			○		蛋黃		
○	○	○	○				○		蛋黃		乾燥水果
○	○	○	○	○			○				
	○	○		○		○				○	
○	○	○	○	○				○			
○	○	○	○	○				○			
○	○	○	○	○				○			核桃
○	○	○	○	○				○	蛋黃		葡萄乾
○	○	○	○					○	○		
○	○	○	○					○	○		
○	○	○	○	○				○	蛋黃		
○	○	牛奶	○	○				○	蛋黃		
○	○	○		○				○	蛋黃		
	○	○		○				○			
○	○				橄欖油			○			
○	○	○	○					○			
○	○							○			
○	○	牛奶	○					○	蛋黃		杏仁膏、乾燥水果
	○							初種			
	○							初種			
	○							初種			
	○							初種			優格
	○							葡萄乾種		○	
	○		○					蘋果種		○	半乾燥蘋果
○	○	○	○					優格種	蛋黃		乾燥水果

索引

作者
吉野精一
YOSHINO SEIICHI

生於 1956 年。辻製菓專門學校麵包製作特任教授。畢業於辻調理師專門學校、Kansas State University 農業部穀物學科。著有『用科學方式瞭解麵包的「為什麼？」』、『麵包製作的科學』（大境文化出版）、共同著作『麵包製作入門』（鎌倉書房）等。
長年以來，專心致力於近代麵包製作之科學及技術層面，在學術界及產業界皆有相當高的評價。此外，精通以穀類為主的飲食文化及歷史。在日本是少數活躍於第一線的研究者。

原稿製作
梶原慶春
KAJIHARA YOSHIHARU

生於 1965 年。辻製菓專門學校麵包製作教授。畢業於辻調理師專門學校。於德國奧芬堡（Offenburg）的 Cafe Kochs 進行研修。著有『麵包製作教科書』（柴田書店）。

麵包製作協助
浅田和宏
ASADA KAZUHIRO

生於 1966 年。辻製菓專門學校麵包製作教授。畢業於辻調理師專門學校。於德國奧芬堡（Offenburg）的 Cafe Kochs 進行研修。

麵包製作協助
伊藤快幸
ITO YOSHIYUKI

生於 1967 年。辻製菓專門學校麵包製作教授。畢業於辻製菓專門學校。於日本麵包技術研究所研修。

麵包製作協助
宮崎裕行
MIYAZAKI HIROYUKI

生於 1971 年。辻製菓專門學校麵包製作教授。畢業於辻製菓專門學校。於德國奧芬堡（Offenburg）的 Cafe Kochs 進行研修。

STAFF

石川集一 三田村信孝 松阪鉄平（後列左起）
尾岡久美子 河島淳子 浅田紀子（前列左起）
原稿製作協助、校正
近藤乃里子（辻静雄料理教育研究所）

撮影　エレファント・タカ
イラスト　梶原綾華
デザイン　筒井英子　日向美和子
編集　美濃越かおる

EASY COOK

書名 / 全圖解 / 麵包製作的技術‧發酵的科學
作者 / 吉野精一
出版者 / 大境文化事業有限公司　T.K. Publishing Co.
發行人 / 趙天德　　總編輯 / 車東蔚
文編‧校對 / 編輯部　　美術編輯 / R.C. Work Shop
地址 / 台北市雨聲街77號1樓
TEL：(02)2838-7996　　FAX：(02)2836-0028
法律顧問　劉陽明律師　名陽法律事務所
初版日期　2016年9月　定價　新台幣 540元
ISBN-13：978-986-92131-6-5　書　號　E107

讀者專線　(02)2836-0069
www.ecook.com.tw
E-mail　service@ecook.com.tw
劃撥帳號　19260956 大境文化事業有限公司

全圖解 / 麵包製作的技術‧發酵的科學
吉野精一　著 初版. 臺北市：
大境文化，2016[民105]　248面；21.6×27.6公分.
(EASY COOK系列；107)
ISBN-13：9789869213165
1.點心食譜　　2.麵包　　427.16　　　105014736

KISOKARA WAKARU SEIPAN GIJUTSU
by TSUJI Institute of Patisserie Seiichi Yoshino.
©Tsuji Culinary Research, Co., Ltd., 2011
Originally published in Japan in 2011
by SHIBATA PUBLISHING CO., LTD.
All rights reserved. No part of this book
may be reproduced in any form without the
written permission of the publisher.
Chinese translation rights arranged with
SHIBATA PUBLISHING CO., LTD., Tokyo
through TOHAN CORPORATION,TOKYO.